JN292737

# 基礎から学ぶ
# 生物化学工学演習

日本生物工学会 編

コロナ社

公益社団法人日本生物工学会　創立 90 周年記念事業
日本生物工学会編「基礎から学ぶ生物化学工学演習」編集委員会

| | | |
|---|---|---|
| 委 員 長 | 大政　健史 | （徳島大学） |
| 副委員長 | 仁宮　一章 | （金沢大学） |
| | 荻野　千秋 | （神戸大学） |
| 編集委員 | 滝口　昇 | （金沢大学） |
| | 中島田　豊 | （広島大学） |

## 執筆者（執筆順）

| | |
|---|---|
| 大政　健史（徳島大学） | （1.1 節，2.1 節，2.2 節，5.4 節，付録） |
| 荻野　千秋（神戸大学） | （1.2 節，3.2 節） |
| 中島田　豊（広島大学） | （3.1 節，5.2 節，5.3 節） |
| 仁宮　一章（金沢大学） | （3.2 節，3.3 節，4.1 節，5.1 節） |
| 滝口　昇（金沢大学） | （4.2 節） |

## 問題提供者（五十音順）

| | |
|---|---|
| 青柳　秀紀（筑波大学） | 片倉　啓雄（関西大学） |
| 勝田　知尚（神戸大学） | 上平　正道（九州大学） |
| 黒澤　尋（山梨大学） | 本田　孝祐（大阪大学） |
| 本多　裕之（名古屋大学） | 山根　恒夫（中部大学） |

（2013 年 4 月現在）

#　まえがき

　発酵生産技術に代表されるものつくりのためのバイオテクノロジーを支える「生物化学工学（biochemical engineering）」は，わが国が伝統的に得意とし，世界をリードしてきた技術分野である．バイオテクノロジーを用いたものつくりにおいて，これほど多種多様の産業を産み出してきた国は，世界広しといえどわが国をおいてほかにはない．生物化学工学という学問体系の礎を築いた合葉修一先生（大阪大学名誉教授）は，本分野の名前を冠した世界初の教科書『Biochemical Engineering』において「生物化学工学とは生物と化学工学の二つの discipline の間を橋渡しし，生物反応を産業規模にて行うための技術を担当する（Biochemical engineering is concerned with conducting biological processes on an industrial scale, providing the link between biology and chemical engineering.）」と述べているように，生物化学工学は生物を用いたものつくりの基盤をなす学問体系であり，わが国が世界をリードしてきた分野である．それは，生物化学工学に関連する教科書が海外では数えるほどしか出版されていないにもかかわらず，わが国においては多数出版されている事実が端的に示している．

　一方，民間企業レベルでは，生物化学工学に精通した技術者の世代交代の時期を迎えており，この分野の人材不足が深刻になりつつある．それにもかかわらず，大学における生物化学工学分野のカリキュラムは，近年の生物分野の発展に伴ってますます複雑になり，多くの学生は産業レベルでのものつくりに必要な学問である生物化学工学について，十分な教育を受けることなく産業界に出て行かざるを得ない状況にある．そこで，生物化学工学分野の基礎学力を向上させ，既存の関連授業を補える大学院に進学する学生の自己学習書として，かつ企業にて活躍する入社間もない若い技術者にも活用可能な演習書の出版を

# まえがき

企画した。

　本書は，わが国における本分野をリードしてきた日本生物工学会の創立90周年記念事業の一環として，日本生物工学会に所属する生物化学工学の研究者に協力をお願いし，工学系のバイオを学ぶ大学生，生物工学，生物化学工学関連の大学院進学を目指す大学生，バイオ関連企業の若手技術者や大学におけるバイオテクノロジー関連分野でかつ産業応用に関心のある若手研究者に向けた演習本として構成している。生物化学工学関連の授業の副読本として，また，自己学習における教材としてご活用いただければ幸いである。

　本書は，多数の皆様方のご協力のもとに完成したものである。ご多忙中にもかかわらず，本書の執筆をお引き受けいただいた先生方，ならびに問題を提供，ご助言をいただいた先生方に厚く御礼申し上げる。また，本書の出版に多大なるご協力をいただいたコロナ社の方々にも，心から御礼申し上げる。

2013年7月

日本生物工学会理事・徳島大学

大政　健史

# 目　　次

## 1. バイオケミカルエンジニアのための基礎

1.1 化学工学の基礎　*1*
　1.1.1 SI 単 位　*1*
　1.1.2 単位操作と反応速度論　*2*
　1.1.3 移動現象論（物質移動・熱移動）　*3*
　1.1.4 収支（物質収支・熱収支）　*4*　　問題1.1〜1.4
1.2 生化学の基礎　*7*
　1.2.1 細 胞 と は　*7*
　1.2.2 細胞膜の基本構造　*8*
　1.2.3 生物（酵素）反応と代謝反応　*8*　　問題1.5〜1.12

## 2. バイオキャタリストの特性

2.1 酵素の特性とその利用技術　*17*
　2.1.1 酵 素 の 特 性　*17*　　問題2.1, 2.2
　2.1.2 酵 素 の 固 定 化　*20*　　問題2.3, 2.4
　2.1.3 酵素の大量調製：組換えタンパク質の大量発現系と改良　*23*　　問題2.5
2.2 微生物の特性とその改良技術　*26*
　2.2.1 微生物の栄養（培地），代謝，増殖，培養，スクリーニング　*26*　　問題2.6〜2.13
　2.2.2 代謝制御発酵と代謝工学　*37*　　問題2.14
　参 考 文 献　*39*

## 3. バイオリアクションにおける量論・速度論

3.1 微生物反応における量論　*40*
　3.1.1 生物化学量論　*40*
　3.1.2 収率（物質基準）　*41*
　3.1.3 培養における化学量論式　*41*　　問題3.1
　3.1.4 従属栄養菌の増殖における炭素源の運命　*43*　　問題3.2
　3.1.5 いろいろな増殖収率の計算方法　*45*　　問題3.3〜3.6
3.2 酵素反応における反応速度論　*53*
　3.2.1 酵素反応の速度　*53*
　3.2.2 迅速平衡法によるミカエリス・メンテンの式の導出　*54*
　3.2.3 定常状態法によるミカエリス・メンテンの式の導出　*55*　　問題3.7〜3.9

3.3 微生物における反応速度論 *63*
    3.3.1 菌体の比増殖速度 *64*　　問題 3.10, 3.11
    3.3.2 基質の比消費速度 *67*　　問題 3.12

## 4. バイオリアクターの設計

4.1 酵素バイオリアクターの設計 *70*
    4.1.1 酵素バイオリアクターの種類 *70*
    4.1.2 酵素バイオリアクターの設計方程式 *71*
    4.1.3 遊離酵素を用いた回分反応（CSTR の場合）*73*　　問題 4.1, 4.2
    4.1.4 固定化酵素を用いた連続反応（CSTR と PFR の比較）*77*　　問題 4.3, 4.4
4.2 微生物バイオリアクターの設計 *83*
    4.2.1 回 分 培 養 *83*　　問題 4.5, 4.6
    4.2.2 連 続 培 養 *87*　　問題 4.7, 4.8
    4.2.3 流 加 培 養 *90*　　問題 4.9〜4.12

## 5. バイオプロセスにおける単位操作

5.1 バイオリアクターにおける殺菌・除菌 *98*
    5.1.1 殺 菌 速 度 論 *98*　　問題 5.1
    5.1.2 回 分 殺 菌 *101*　　問題 5.2
    5.1.3 連 続 殺 菌 *105*　　問題 5.3
5.2 バイオリアクターにおける通気・撹拌 *108*
    5.2.1 バイオリアクター内における酸素の移動現象 *108*
    5.2.2 バイオリアクター内における酸素の収支 *109*　　問題 5.4
    5.2.3 培養槽の基本構成 *112*
    5.2.4 酸素移動容量係数と操作条件の相関式 *114*　　問題 5.5
    5.2.5 スケールアップ *117*
    5.2.6 酸素移動速度を指標としたスケールアップの手順 *119*　　問題 5.6
5.3 バイオリアクターにおける計測と制御 *124*
    5.3.1 培養槽内環境の計測 *124*
    5.3.2 制 御 の 基 礎 *125*　　問題 5.7〜5.10
    5.3.3 培養槽の計測・制御の実際 *132*　　問題 5.11
5.4 バイオプロダクトの分離・精製 *135*
    5.4.1 は じ め に *135*
    5.4.2 遠心分離のおさらい *136*
    5.4.3 その他の分離手法 *138*　　問題 5.12〜5.16
  参 考 文 献 *143*

付　　録 *144*
索　　引 *153*

# 1 バイオケミカルエンジニアのための基礎

## 1.1 化学工学の基礎

　この本のタイトルにもなっている「生物化学工学」とは，「生物」+「化学工学」から成り立つ学問である。すなわち，化学工学の体系を，生物を用いた反応・物質生産に応用したものが「生物化学工学」である。もちろん，化学反応とは異なり，生物を用いた系では生物そのものや，それを構成するパーツ（遺伝子やタンパク質，細胞など）の解明，理解そして制御が欠かせない。一方，化学工学の基本的考え方の理解も欠かせない分野である。そこでこの節では，おさらいとして，化学工学的な考え方の基礎について概説する。

### 1.1.1 SI 単位

　わが国では，単位について初めて学習するのは，小学校低学年になる。まずは身近なものの長さを実感した後，mm，cm，m，といった単位量を用いて長さを測定することにより，長さの単位と接頭語，さらにこれが世界共通のものさしであることを知る。そして，かさ（嵩）や重さを測定することにより，$\ell$（または L）や kg といった別の単位が存在することを知る。この「別の単位」という概念によって，「1 kg=1 m」といった，異なる単位に属するものが等号で結ばれることがないことも理解できる。
　化学工学や生物化学工学においても，この基本はまったく同じである。ただし，単位の組合せがとても複雑になるために，「1 kg=1 m」といった間違いがわかりにくくなる点が大きな違いである。国際単位系（SI，The international system of units）とは，世界共通のものさしである。これまで各国で別々の単

位が用いられてきたものが，この SI 単位系で統一されることにより，たがいの比較や利用がより簡単にできるようになっている（**表 1.1**, **表 1.2**）。

表 1.1 SI 基本単位

| 量 | 名称 | 記号 |
|---|---|---|
| 時　間 | 秒 | s |
| 長　さ | メートル | m |
| 質　量 | キログラム | kg |
| 温　度 | ケルビン | K |
| 物理量 | モル | mol |

表 1.2 よく使われる SI 接頭語

| 量 | 接頭語 | 記号 |
|---|---|---|
| $10^{12}$ | ギガ | G |
| $10^{9}$ | メガ | M |
| $10^{3}$ | キロ | k |
| $10^{-2}$ | センチ | c |
| $10^{-3}$ | ミリ | m |
| $10^{-6}$ | マイクロ | μ |
| $10^{-9}$ | ナノ | n |
| $10^{-12}$ | ピコ | p |

大文字・小文字の区別もある

一方，この SI 単位系への統一が世界的に提唱されてかなりの年月が経つが，いまだにすべての分野で SI 単位系で統一されているわけではない。とりわけ，生物の世界ではこれまで慣用的に用いられている単位系との換算が必要となる。

### 1.1.2　単位操作と反応速度論

**単位操作**（unit operation）とは，単位という名前がついているが SI 単位とはまったく関係のない言葉（概念）である。この単位操作という言葉（概念）は，化学工学に特有の基本的概念（考え方）になる。この考え方は，多くのステップからなる化学プロセスを「基本的な操作」に分割することから始まる。そして，その基本的操作（単位操作）に固有の基本的かつ共通な操作を抜き出して，これをまとめること（体系化）により，各ステップの原理を理解しやす

く，かつ合理的に設計・制御が可能となる。この概念をしっかり理解することにより，複雑な工程をたどる生物によるものつくりも整理整頓されてわかりやすくなる。

さて，ある意味でこの単位操作と車の両輪をなすのが**反応速度論**（反応工学，kinetics）になる。上記のように基本的な操作について整理整頓して考える単位操作の概念は，1920年代に考案されたが，しばらくは工学的な体系化は順調には進まなかったようである。これは，単位操作に分けることにより，個々のステップの原理や反応機構には興味が持たれて解明が進んだが，実際の反応装置のスケールがなかなか決められなかったからと考えられている。実際の反応装置のスケールを決めるのは，どれぐらいの速度で原料が入ってきて，変化していくかという，時間当りの変化に関する考え方（速度論）がとても重要であり，これらをとらえる考え方が反応速度論になる。つまり，反応装置を設計するためには，単位操作ごとに分ける作業と，それらの各ステップの反応がどれぐらいの速度で進むかということに対する理解が必要となる。

### 1.1.3 移動現象論（物質移動・熱移動）

「ものが移動する」ということ，すなわち物質移動はとても身近な現象の一つである。化学プロセス・生物プロセスにおけるものの移動は，主として分子の移動を取り扱うため，目に見えてとらえられることがあまりないが，重要な現象の一つである。**移動現象論**（transport phenomena）と呼ぶ場合は，もの

の移動だけでなく，熱や運動量の移動もまとめて取り扱う考え方である。

もの，例えば分子の移動は，水の中に垂らしたインクが広がっていくように，濃度の濃いところから薄いところに移動していく。もちろん，流れに沿って移動するものもあれば，拡散という現象によって移動していくものもある。では，これらの移動はどうして起こるのであろうか。これは，温度や濃度が「一様でない」，すなわち温度の高い・低いや，濃度の濃い・薄いといった状態から，同じ温度，同じ濃度といった状態（**平衡状態**）になるまで移動していくわけである。移動現象論はこの移動を速度論的に取り扱う考え方であり，どれぐらいの時間で，どこからどこに移動するかをとらえる学問体系である。

移動現象論は速度論のひとつ…

### 1.1.4 収支（物質収支・熱収支）

最後に大事な考え方が**収支**（balance）である。「無から有は生じない」ということわざがあるが，化学プロセスやより複雑で生物の関与するプロセスでも，原材料として使われたものは雲散霧消をしてどこかに消えてなくなるわけではなく，生産物や中間反応物など必ずどこかに存在する。この収支は，もの（物質）を対象としても，熱を対象としても収支をとることができる。もちろん，それぞれの元素ごとでも収支をとることができる。上記の単位操作，反応速度論，移動現象論と合わせて考えることにより，化学プロセスのみならず，全体を複雑な工程をたどる生物によるものつくりプロセスにおいても，合理的な設計・制御が可能となる。

## 1.1 化学工学の基礎

### 問題 1.1　収支をとってみよう：培養槽に水を満たす

発酵槽に培地を準備しようとしている。500 L の培養槽（ワーキングボリュームは 400 L）に，蛇口から水道水を入れ，粉末の培地を入れ，撹拌して溶かそうと考えた。どれぐらいの時間，水を入れるとちょうど満たすことが可能か。なお，水道水の蛇口を全開すると，手元にあるバケツを 17 s で満杯にすることができた。なお，このバケツの中の水の重さを測定すると 19.2 kg であった。水の密度は 1000 kg/m³ とする。

▶解答例◀

水の密度 1000 kg/m³ より，19.2 kg の水は，0.0192 m³ に相当する。17 s で満杯になるということは，水道を全開にした際の供給速度は $1.13 \times 10^{-3}$ m³ s⁻¹ になる。

400 L = 0.4 m³ より，$\dfrac{0.4 \, \text{m}^3}{1.13 \times 10^{-3} \, \text{m}^3 \, \text{s}^{-1}} = 354$ s

蛇口を全開にして，5 分 54 秒，水を満たすとちょうど 400 L となる。

### 問題 1.2　定数の単位換算

気体定数，$R = 0.08205 \cdots\cdots$ L atm/mol K を SI 単位系で表現せよ。SI 単位系では，圧力 [atm] は補助単位である Pa（1 Pa = 1 J m⁻³ = 1 m⁻¹ kg s⁻²），体積 [L] は m³ を用いる。ただし，標準大気圧 1 atm = 0.101325 MPa とする。

▶解答例◀
$1\,\text{L} = 10^{-3}\,\text{m}^3$, $1\,\text{atm} = 0.101325 \times 10^6\,\text{Pa} = 1.01325 \times 10^5\,\text{Pa}$
$R = 0.08205 \times 10^{-3} \times 1.01325 \times 10^5\,\text{m}^3\,\text{Pa}\,\text{mol}^{-1}\,\text{K}^{-1} = 8.314\,\text{m}^3\,\text{Pa}\,\text{mol}^{-1}\,\text{K}^{-1}$
さらに，$1\,\text{Pa} = 1\,\text{J}\,\text{m}^3 = 1\,\text{m}^{-1}\,\text{kg}\,\text{s}^{-2}$
$R = 8.314\,\text{J}\,\text{mol}^{-1}\,\text{K}^{-1} = 8.314\,\text{kg}\,\text{m}^2\,\text{s}^{-2}\,\text{mol}^{-1}\,\text{K}^{-1}$

## 問題 1.3　搾ってみたら：水分含量

酒粕とは，日本酒製造の際に出るもろみを圧搾して，残った後の白色の固体である。日本酒の製造工程では，酵母や溶けきっていない米から成り立った固体物として，最後に分離される。いま，ざっと圧搾して得られた水分 70 %（w/w）の酒粕 100 kg を，さらに圧搾して水分 51 %（w/w）の酒粕を得た。酒粕の重さは何 kg になっているか。

▶解答例◀
「水分 70 %の酒粕」100 kg 中には，30 kg の酒粕と 70 kg の水分が存在する。水分 51 %の酒粕の重さを $x$ kg とすると $(x-30)/x = 0.51$ となる。すなわち，$x = 61.2$ kg と算出できる。

## 問題 1.4　簡単なようで難しい濃度調整

硫酸タンク内の硫酸の密度が 293 K で 1200 kg/m³ でなければならないのに，吸水によって 1120 kg/m³ と少し低くなっていた。そこで，密度 1600 kg/m³ の硫酸を加えて 1200 kg/m³ に調整したい。タンク内の硫酸 100 kg に対して，密度 1600 kg/m³ の硫酸を何 kg 加えてやればよいか。密度 1120 kg/m³，1200 kg/m³，1600 kg/m³ の硫酸濃度はそれぞれ，200 kg/m³，300 kg/m³，800 kg/m³ と仮定する。

▶解答例◀
簡単にするために，それぞれの溶液を %（w/w）に換算する。

溶液① $1120 \text{ kg/m}^3 \rightarrow \dfrac{200 \text{ kg/m}^3}{1120 \text{ kg/m}^3} = 0.1786$ （17.86 % (w/w)）

溶液② $1200 \text{ kg/m}^3 \rightarrow \dfrac{300 \text{ kg/m}^3}{1200 \text{ kg/m}^3} = 0.25$ （25 % (w/w)）

溶液③ $1600 \text{ kg/m}^3 \rightarrow \dfrac{800 \text{ kg/m}^3}{1600 \text{ kg/m}^3} = 0.5$ （50 % (w/w)）

いま，溶液①100 kgに溶液③ $X$ [kg] を足して，溶液②を作成する。
すなわち

$$\dfrac{100 \text{ kg} \times 0.1786 + X \text{[kg]} \times 0.5}{100 \text{ kg} + X \text{[kg]}} = 0.25$$

$100 \times 0.1786 + 0.5X = 100 \times 0.25 + 0.25X$

したがって

$0.25X = 100 \times 0.25 - 100 \times 0.1786 = 7.143$

∴ $X = 28.57$ kg

## 1.2 生化学の基礎

### 1.2.1 細 胞 と は

　細胞は，細胞膜で包括された生物の基本単位である。微生物および植物細胞には細胞壁があるが，動物細胞には細胞壁はない。大腸菌，酵母，ヒト肝細胞の大きさはそれぞれ，1, 100 および 1000 $\mu m^3$ である。細胞は，外部から細胞膜を通して栄養源となる基質を摂取し，数千種類の酵素反応により代謝産物を生成し，細胞構成成分やエネルギー源として利用したり，細胞外に分泌や排出したりする。

　生物は，一般に動物・植物，あるいは動物・植物・菌類に分離される。微生物を含む菌類は，前者の分類によれば植物に含まれることになる。一方，生物を細胞構造に基づいて分類すれば，原核生物と真核生物に分類できる。真核生物には核膜があり，核を明瞭に識別できる。原核生物には核膜はなく，染色体DNAが細胞質内に浮遊していることが最大の特徴である。

大腸菌をピンポン玉ぐらいとすると，酵母はバスケットボール，ヒト肝細胞は巨大な風船サイズになる。

### 1.2.2 細胞膜の基本構造

細胞膜は，脂質の二重層から構成されている。二重層を構成する脂質は，おのおのがその極性部を外側に，疎水性の脂肪酸側鎖を内部に向け合った2分子層を形成しており，そのなかに種々の機能を有する膜タンパク質が埋め込まれている。脂質の主成分はリン脂質であり，コレステロールや糖脂質なども含まれている。リン脂質の基本骨格のホスホグリセリドのリン酸基が膜表面の負電荷のおもな原因となる。

### 1.2.3 生物（酵素）反応と代謝反応

通常の化学反応と生物（酵素）反応の違いは以下のとおりである。
（1） 化学反応は各素反応が任意の大きさの反応系内で行われるが，生物反応は基本的に細胞内で進行する。
（2） 生物反応は基質に対してきわめて特異性の高い酵素によって行われる反応である。その種類は数千種類以上に及んでおり，新しい生物の発見によってさらに新しい反応経路が発見される可能性が高い。
（3） 生物反応は，多数の反応が同一細胞内で同時に秩序立って進行する高度の複合反応である。これは，酵素の基質特異性，酵素反応の可逆性，エフェクターによるアロステリック酵素の反応速度制御（阻害や促進）に起因する。
（4） 一般に穏やかな反応条件（常温，常圧）下にて進行する。生物反応の

統合された結果が細胞増殖であるともいえる。一般的な微生物生育の環境条件は，温度は $-10$ 〜約 $100\,^\circ\mathrm{C}$，pH は 1 〜 11 である。

---

**問題 1.5　反応を考えてみよう**

1 次の化学反応を考える。

$$A + B \rightleftarrows C + D$$
　（生成系）　（反応系）

（1）平衡に達したときの各成分の濃度 $[A]_e$, $[B]_e$, $[C]_e$, $[D]_e$ を用いて，平衡定数 $K$ を定義せよ。

（2）平衡定数 $K$ から標準自由エネルギー変化 $\Delta G^0$ ($25\,^\circ\mathrm{C}$, pH = 7.0) を求める式を答えよ。

（3）グルコース -1 リン酸から，グルコース -6 リン酸への反応は，酵素ホスホグルコムターゼの存在下で可逆的に進行する。$25\,^\circ\mathrm{C}$，pH = 7 における平衡定数 $K$ = 18 として $\Delta G^0$ を求めよ。

（4）ある生理条件では $30\,^\circ\mathrm{C}$, pH = 7, $\mathrm{HPO_4^{2-}} = 0.005$ M, ATP / ADP = 2 として，ATP 加水分解における自由エネルギー変化 $\Delta G$ を計算せよ。ただし，ATP 加水分解の反応は以下のとおりである。

$$\mathrm{ATP + H_2O \rightarrow ADP + HPO_4^{2-}} \quad (\Delta G^0 = -30.5\,\mathrm{kJ\,mol^{-1}})$$

▶**解答例**◀

（1）$K = \dfrac{[C]_e[D]_e}{[A]_e[B]_e}$

（2）一般に，自由エネルギー変化は $\Delta G = \Delta G^0 + RT \ln K$ で表される。
　　平衡状態においては，自由エネルギー変化 $\Delta G = 0$ なので，標準自由エネルギー変化 $\Delta G^0 = -RT \ln K$ が得られる。

（3）$\Delta G^0 = -RT \ln K$ より
　　$\Delta G^0 = -8.314 \times 298 \times \ln 18$
　　　　　$= -7161\,\mathrm{J\,mol^{-1}} = -7.2\,\mathrm{kJ\,mol^{-1}}$

（4）$\Delta G = \Delta G^0 + RT \ln \dfrac{[\mathrm{ADP}][\mathrm{HPO_4^{2-}}]}{[\mathrm{ATP}]}$　（水は含まない）

$$= -30.5 + 8.314 \times 303 \times \ln\frac{1 \times 0.005}{2}$$
$$= -30.5 + 8.314 \times 303 \times \ln 0.025$$
$$= -30.5 - 15.1 = -45.6 \text{ kJ mol}^{-1}$$

## 問題 1.6 どうして反応が進む？

3-ホスホグリセリン酸 $\rightleftarrows$ 2-ホスホグリセリン酸 ($\Delta G^0 = +4.44$ kJ mol$^{-1}$) のように，解糖系のなかには，$\Delta G^0$ (pH=7.0, 25℃における標準自由エネルギー変化) が正の値をとる反応が含まれている。一般的には，$\Delta G^0$ が正の反応は自発的には進行しない。しかし，それにもかかわらず，この反応は生体内で左から右へと進行する。その理由を説明せよ。

### ▶解答例◀

解糖系の反応について，それぞれの標準自由エネルギー変化 $\Delta G^0$ 値を調べると，10段階中6反応が正の $\Delta G^0$ をとり，4反応が負の値である。しかし，代謝経路全体についての $\Delta G^0$ は各反応の和であるため負となり，グルコースからピルビン酸への標準自由エネルギー変化は，$\Delta G^0 \approx -75$ kJ mol$^{-1}$ である。重要な点は，解糖系が逐次反応であり，各反応はその生成物を次の反応の基質として消費するから，いわば前段の反応を吸引していることである。それゆえ，課題に示された反応でも，一連の反応系のなかでは左から右へと進行する。

## 問題 1.7 好気と嫌気の違い

好気的条件下と嫌気的条件下における微生物代謝（呼吸と発酵）の特性を代謝反応式を用いて，比較して説明せよ。

### ▶解答例◀

ここでは，最も一般的な炭素源であるグルコースの代謝経路を述べる。グルコース (glucose) の分解経路はまず，1 mol のグルコースから 2 mol のピルビン酸 (pyruvate) へ至る解糖反応であって，好気，嫌気いずれの条件下でも（基質レベルで）次式に示すように 2 mol の NADH を生成する。

$$\text{glucose} + 2\,P_i + 2\,\text{ADP} + 2\,\text{NAD}^+ \rightarrow 2\,\text{pyruvate} + 2\,\text{ATP} + (\text{NADH} + \text{H}^+)$$

嫌気条件下（発酵）では

$$2\,\text{pyruvate} + 2(\text{NADH} + \text{H}^+) \rightarrow 2\,\text{lactate} + 2\,\text{NAD}^+$$

または

$$2\,\text{pyruvate} + 2(\text{NADH} + \text{H}^+) \rightarrow 2\,\text{ethanol} + 2\,\text{CO}_2 + 2\,\text{NAD}^+$$

のように，有機化合物を還元しNADHを酸化型に再生することによって，代謝のバランスが保たれる。その結果，1 mol のグルコースから 2 mol の ATP と 2 mol の乳酸またはエタノールを生成する。

好気条件下（呼吸）では

$$2\,\text{pyruvate} + 2\,\text{NAD}^+ + 2\,\text{CoA} \rightarrow 2\,\text{acetyl-CoA} + 2\,\text{CO}_2 + 2(\text{NADH} + \text{H}^+)$$

の反応を経由して，グルコースの炭素はTCAサイクルに導入され，次式のように完全酸化される。

$$2\,\text{acetyl-CoA} + 4\,\text{O}_2 + 2\,\text{ADP} + 2\,\text{P}_i + 6\,\text{NAD}^+ + 2\,\text{FAD}^+$$
$$\rightarrow 2\,\text{CoA} + 4\,\text{O}_2 + 2\,\text{ATP} + 6(\text{NADH} + \text{H}^+) + 2(\text{FADH} + \text{H}^+)$$

1 mol の NADH は酸素を最終の電子受容体として利用する酸化的リンを生成する。したがって基質レベルを含め総括的には，1 mol のグルコースから 38 mol の ATP を生成する。すなわち好気条件下では，嫌気条件下よりもエネルギー物質 ATP を多量に生成する。

好気的代謝が可能な液中の溶存酸素の分圧（臨界値）は，約 4～5 mmHg である。これ以下になると酸化・還元のバランスが崩れ，ピルビン酸デヒドロゲナーゼ（ピルビン酸からアセチル CoA を生成する）などの好気代謝系の酵素は阻害，抑制されて嫌気発酵が活発になる。パスツール（Pasteur）効果（酵母を培養して糖からアルコール発酵を行う場合に酸素が存在する（通気を行う）と，アルコールの生産が抑制され菌体の増殖収率（対糖収率）が向上する現象であり，パスツールが発見した）は，これらの背景下ではじめて理解できる。

**問題 1.8　複合培地と最少培地の違い**

微生物細胞においてグルコースが異化代謝される場合，エムデン・マイヤーホフ・パルナス（EMP）経路とペントースリン酸（PP）経路の利用割合は，培地組成などの環境条件に大きく依存する。一般的に，複合培地と最少培地でその割合はどのように変化するか。また，その理由について

説明せよ．

▶解答例◀
　EMP 経路は 1 mol のグルコースから 2 mol のピルビン酸へ至る経路で，2 mol の ATP と 2 mol の還元型 NADH を生成する典型的なエネルギー獲得反応である．PP 経路はグルコースからグルコース 6 リン酸，リボース 5 リン酸（R 5 P），セドヘプチュロース 7 リン酸，エリスロース 4 リン酸（E 4 P），グリセルアルデヒド 3 リン酸などを経て，炭素源の一部は EMP 経路におけるフルクトース 6 リン酸へ合流する．
　R 5 P や E 4 P はそれぞれ核酸類および芳香族アミノ酸やビタミンなどの前駆体として利用される．したがって PP サイクルには菌体構成成分の前駆体供給の役割があるとともに，脂肪酸などの還元的生合成に利用される NADPH を生成する役割を担っている．また，この経路は直接ピルビン酸や ATP を生成しないため，グルコースは必ずある一定の割合で EMP 経路にて代謝される必要がある．EMP 経路は ATP を生成するが，各物質の前駆体は生成しない．すなわち，栄養豊富な複合培地の場合，この EMP 経路を用いた ATP 合成が主として行われる．しかし，最少培地ではエネルギー生成を犠牲にしてでも，菌体増殖のために菌体構成物質を新たに合成する必要があり，PP サイクルが相対的に主要経路となる．

### 問題 1.9　TCA サイクルの意義は？

TCA サイクルの生理学的役割を具体的に説明せよ．

▶解答例◀
　好気的条件下で，ピルビン酸はアセチル CoA を経てこのサイクルに入り，これを 1 回転すると 2 mol の $CO_2$ が系外に放出される．したがって 2 mol のアセチル CoA（1 mol のグルコース）が完全酸化されることは，このサイクルを 2 回利用することを意味し，このサイクルのみで 24 mol の ATP を生成する．この場合，好気的条件が必要な理由は，TCA サイクルで生成した NADH や FADH を酸素を最終の電子受容体とする電子伝達系で，それぞれの酸化型（$NAD^+$，$FAD^+$）に再生させるためである．

この経路中のアセチル CoA は脂肪酸に，2-ケトグルタル酸（2-オキソグルタル酸）はグルタミン酸などのアミノ酸に，サクシニル CoA（スクシニル CoA）はポルフィリン環を経由してチトクロムなどに，オキザロ酢酸はアスパラギン酸など一群のアミノ酸に変換されるそれぞれの代謝中間体である。すなわち，TCA サイクルは ATP などのエネルギー物質を生成する分解（異化作用）的役割を持つほか，菌体構成素材の生合成など合成（同化作用）的役割をも担う代謝経路であり，両性的代謝経路である。

**問題 1.10　遺伝子の情報はどうやって伝わる？**

遺伝情報の流れ（セントラルドグマ）を図示して説明せよ。

▶**解答例**◀

遺伝情報の複製と形質発現の概念を**図 1.1** に示す。また，RNA の情報をもとにして DNA を合成する逆転写も一部のウイルスで認められている。図に示すように，遺伝情報は核酸から核酸へ，あるいは核酸からタンパク質へ一方的に伝達される。情報がいったんタンパク質にまで伝達されると，その情報の流れはタンパク質から核酸へと逆流しない。これが生物の一般原理でセントラルドグマともいわれている。

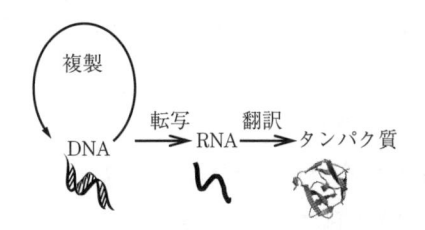

図 1.1　セントラルドグマ

〔解説〕セントラルドグマにおける各段階の情報伝達速度

図 1.1 中の各段階の速度を概算してみよう。

**複製**：DNA ポリメラーゼ自体の DNA 合成反応速度は，約 1000 ヌクレオチド/s である。大腸菌の場合，染色体は環状 2 本鎖 DNA で複製起点から 2 方向に複製が進むので，2000 塩基対/s である。大腸菌の染色体 DNA の分子量＝2.5×$10^9$ Da/染色体（2.5×$10^9$ g/mol-染色体），塩基対の平均分子量＝660 Da/塩

基対（660 g/mol-塩基対），そして2方向への複製速度には差異がないとすると，染色体DNAの複製に要する時間は

$$\frac{(2.5\times10^9\,\text{Da}/\text{染色体})/(660\,\text{Da}/\text{塩基対})}{2\,\text{方向}\times1000\,\text{塩基}/\text{s}} = 32\,\text{min}/\text{染色体}$$

となる。

　世代時間がこれより短い場合は，染色体の複製が完了する前に次のDNAの複製が開始されるはずである。

　**転写**：rRNAの合成速度は60～65ヌクレオチド/sである。65ヌクレオチド/sとした場合，16 S rRNA（約1500ヌクレオチド）と23 S rRNA（約2900ヌクレオチド）の合成に要する時間は，それぞれ約23 sおよび45 sになる。一方，tRNAは，約80ヌクレオチドなので，その合成に要する時間は短い。mRNAの合成速度は *in vitro* で17～30ヌクレオチド/s程度であり，*in vivo* では最大でも約50ヌクレオチド/sといわれている。また，mRNAは一般に不安定で生体内で分解されやすく，大腸菌におけるmRNAの半減期は1～2 min（37℃）のものが大部分である。もちろん，半減期>30 minと安定なものも，なかには存在する。

　一方，真核生物におけるmRNAの半減期はこれらの値よりもはるかに大きく，数時間～1日と報告されている。

　**翻訳**：タンパク質の合成速度は37℃で17～18アミノ酸/sであるから，300アミノ酸からなるタンパク質（分子量約35000）の合成には約17 sを要する。

---

**問題1.11　遺伝子の発現に必要なのは？**

　あるタンパク質の構造遺伝子が発現（転写，翻訳）する場合，どのような基本構造がDNAに必要か大腸菌を例にして説明せよ。また，真核生物との違いについて述べよ。

▶解答例◀

　構造遺伝子の転写・翻訳に必要なDNA構造（大腸菌内）を**図1.2**に示す。転写開始にはプロモータ（-35領域，-10領域（Pribnowボックス））を必要とする。すなわち，δ因子の結合部位は-35領域，RNAポリメラーゼのコア部分の

1.2 生化学の基礎

```
          TTGACA・・・・・・・・・・・TATAAT・・・・・A・構造遺伝子
          -35領域              -10領域    ↑
          δ因子の結合部位    （Pribnowボックス）RNAポリメラーゼ
                           RNAポリメラーゼの  による転写開始位置
                           コア部分の結合部位
```

図1.2　大腸菌の転写機構の例

結合部位が-10領域である。

　生物種が異なれば，一般にプロモータの塩基配列も異なる。-35領域の上流域（数十塩基対）も転写開始に必要な場合が多く，これもプロモータの一部とみなされている。カタボライト抑制を解除する正の制御因子（cAMP-CAP複合体）が結合するのもこの領域である。転写開始点にはプリン塩基が多い。転写終結を行うターミネータには$\rho$因子依存型と非依存型があり，それぞれ特徴ある塩基配列を示す。翻訳開始コドン（ATG）の数塩基上流に，16S rRNAの3'末端と相補性を示す領域（SD配列）がある。ここにリボゾームが結合する。翻訳の終結は停止コドンによる。翻訳されたタンパク質は必要に応じてプロセシング（ペプチダーゼによるポリペプチド鎖の切断）を受ける。

　なお，真核生物の場合は次の諸点で異なっている。① -80領域（CCAATボックス）と-30領域（TATAボックス）がプロモータとして利用される。② mRNA前駆体にはエクソン（最終的にmRNAに残る部分）とイントロン（転写され，mRNA前駆体に存在するが，mRNA前駆体に成熟する過程でスプライシングによって除去される領域）があり，編集後にmRNAとなる。

### 問題1.12　遺伝子工学の貢献とは？

　遺伝子工学の発明によって，生物が本来持つ形質を積極的に改変することが可能となった。生物の形質改変に対して遺伝子工学がもたらす特徴（利点・問題点）を（微）生物学研究の基礎および応用上の観点から列挙せよ。

▶解答例◀

　従来，菌株の育種改良には突然変異法が用いられてきた。これは，DNA上の1～数塩基をランダムに変化させる方法であり，既存の遺伝子機能を改変させるにすぎなかった。一方，遺伝子工学においては，1000塩基対以上の遺伝子断片を操作し，遺伝子機能を変革（改良）することが可能であり，取り扱える遺伝情報としてのDNAの質・量ともに格段の飛躍が期待できる特徴がある。すなわち，質的改変：高等動植物など，種を越えた遺伝子を微生物内でクローン化するということが可能になる。また，量的改変：遺伝子増幅効果による形質発現の増強についても可能となる。

　基礎科学の面からは，遺伝子工学の成果として次のようなことが可能となった。例えば，遺伝子のクローニングによって均一組成のDNA断片を大量に調製でき，DNAの塩基配列が容易に決定できるようになった。真核生物の遺伝子におけるイントロンの発見などは，これらの研究成果の一つである。

　応用においては，医学，農業，発酵工業，環境浄化など多方面で有用微生物の育種に遺伝子工学が利用されている。しかし，高等動植物の遺伝子をクローニングするだけで，それぞれの最終目的を達成できるわけではなく，クローニングの結果，取得した組換えプラスミドの安定性の向上と形質発現の増大，生産物の分離・精製における諸問題の解決，必要に応じては目的となるペプチド鎖に糖鎖を付加するなど，ペプチドの修飾も不可避的に要求される。このような多岐にわたる要求に応じるためには，まず適切な宿主・ベクター系の開発・選択や培養条件の改良が前提となる。

# 2 バイオキャタリストの特性

## 2.1 酵素の特性とその利用技術

### 2.1.1 酵 素 の 特 性

　酵素とは，生体内外において反応を担っているタンパク質であり，その触媒作用によってさまざまな生体内の反応にかかわっている。酵素の触媒作用には通常の化学反応に比べて，① 比較的温和な反応条件（おもに100℃以下，常圧，pH中性付近）で反応を触媒する，② 特異性が高く（基質（反応物）のみならず，生成物に関して），反応も立体特異的である，③ 反応速度が速い，④ アロステリック効果などにより，酵素反応が調整可能である，という特徴がある[1), 2)] †。

　生物化学工学における酵素の利用は，生体触媒反応を用いた有用物質の合成のみならず，不要物の除去，対象物質の迅速定量分析などと，食品から医薬品，環境まで，さまざまな分野で幅広い応用がなされている。酵素はその反応に特徴があるために，酵素は触媒する反応に基づいて系統的に命名され，6種類（酸化還元酵素，転移酵素，加水分解酵素，脱離酵素，異性化酵素，合成酵素）に分けられ，分類番号（enzyme commission number，EC number）によって4000種以上が登録されている[2)]。反応に基づいて命名されているため，まったく異なるアミノ酸配列でも，触媒する反応が同じであれば命名分類は同じとなる。

---

　† 肩付き数字は章末の参考文献番号を表す。

こんにちは。
やまだアーゼと申します。

ぼくも
やまだアーゼです。
あれっ？

違う人でも働きが一緒だったら名前も同じ…

---

**問題2.1　酵素の種類にはどんなものがある？**

酵素は反応に基づいて6種類に分類され，ECと呼ばれる番号で整理されている。ECについて説明し，6種類の大分類について，それぞれの英文表記とそれぞれの触媒する反応について簡単に説明せよ。

▶解答例◀

分類はECと呼ばれる番号に基づいており，アルコール脱水素酵素（alcohol dehydrogenase）であれば，EC 1.1.1.1のように，大分類番号.中分類番号.小分類番号.小分類のなかの通し番号の形で表現される。6種類の分類は以下のとおりである。

1. 酸化還元酵素（oxidoreductase）：酸化還元反応を担っている。
2. 転移酵素（transferase）：官能基の転移を担っている。
3. 加水分解酵素（hydrolase）：加水分解反応を担っている。
4. 脱離酵素（lyase）：加水分解を伴わずに結合を開裂する反応（もしくはその逆反応）を担っている。
5. 異性化酵素（isomerase）：異性化反応を担っている。
6. 合成酵素（連結酵素）（ligase）：ATPの加水分解を伴う結合生成を担っている。

---

酵素反応のなかで，酸化還元反応のようないろいろな基の移動反応には，酵素だけでなく補因子が必要となる。補因子には，$Cu^{2+}$，$Fe^{3+}$，$Zn^{2+}$のような

金属イオンや，補酵素と呼ばれる有機分子，ニコチンアミドアデニンジヌクレオチド（$NAD^+$）や，ニコチンアミドアデニンジヌクレオチドリン酸（$NADP^+$）などが挙げられる。最もよく知られている補因子である補酵素の大きな特徴は，触媒ではないために反応の際に利用されてしまい，継続して反応するためには大量に供給されるか，元に戻る反応と組み合わせる必要がある点にある。例えば，$NAD^+$は基質とともに反応してNADHになってしまい，自然に$NAD^+$に再酸化されることはない。すなわち，反応を継続させるためには，反応系に$NAD^+$を大量に添加しておく，もしくは別の酵素反応などとカップリングさせることにより，$NAD^+$に再酸化させる（再生させる）必要がある。

サポートないと働けません…

---

**問題 2.2 継続的にサポートされるためには？**

　通常，酵素はアミノ酸からなるタンパク質である。タンパク質を構成するアミノ酸残基は化学的な反応性に乏しく，さまざまな反応を触媒するために化学反応性に富んだ補因子を用いる場合も多い。生体内における酵素による代謝反応においては，酸化還元バランスの観点から，$NAD^+$を利用する反応と，NADHから再度$NAD^+$に再酸化する反応を組み合わせて代謝系が構築される例が多い。

　組み合わせた代謝系の典型的な例が，酵母において解糖系からピルビン酸を経て，アルコールを生成するアルコール発酵代謝経路である。この経

路において，NAD$^+$を利用する反応と，NADHから再度NAD$^+$に再酸化する反応と，それを触媒する酵素名を挙げよ．

▶解答例◀

解糖系においては，1分子のグルコースからグリセルアルデヒド-3-リン酸が2分子形成される．NAD$^+$を利用してNADHとする反応は，このグリセルアルデヒド-3-リン酸が代謝される反応になる．

反応：グリセルアルデヒド-3-リン酸 + Pi + NAD$^+$
$\Rightarrow$ 1, 3 ビスホスホグリセリン酸 + NADH + H$^+$
酵素名：グリセルアルデヒド-3-リン酸デヒドロゲナーゼ（glyceraldehyde-3-phosphate dehydrogenase, GAPDH）

生成されたNADHは，代謝経路が持続的に続くためには再酸化されて，NAD$^+$に変換されなくてはならない．嫌気条件化では，酵母はアルコール発酵を用いてこの反応を行う．具体的には解糖系によってピルビン酸まで代謝されたのち，ピルビン酸をピルビン酸デカルボキシラーゼによってアセトアルデヒドに変換し，その後，エタノールを生成する．

反応： アセトアルデヒド + NADH + H$^+$ $\Rightarrow$ エタノール + NAD$^+$
酵素名：アルコール脱水素酵素（alcohol dehydrogenase）

## 2.1.2 酵素の固定化

さて，酵素タンパク質は通常は高価なものであり，酵素を産業上利用するためには，コスト低減の必要から繰り返し利用を行う必要がある．通常，酵素は水溶性であるため，反応終了後に触媒としての酵素を繰り返し利用するためには，反応終了後の溶液から水溶性の生成物と酵素を分離・回収する必要がある．このような分離・回収には一般的に煩雑な操作とコストがかかるため，実際の産業レベルでの利用には不向きである．そのために汎用されている手段が

「固定化」である。水溶性の酵素を不溶性の担体に共有結合などにより固定化することで固定化酵素とし，これを繰り返し利用することにより，コスト低減が図れる。また，固定化することにより，繰り返し利用だけでなく，管型反応器に代表されるような連続反応系を構築することも可能となる。

つかまっていると何回でも働かされる…

**問題 2.3 酵素を固定化するには？**
　タンパク質である酵素を担体に固定化するためには，現在，担体結合法，架橋法，包括法の大きく三つの固定化法が用いられている。この三つの方法について簡単に特徴を説明せよ。

**▶解答例◀**
　**担体結合法**：不溶性の担体に酵素を結合させて固定化する方法。固定化の手法として活性炭のようなものに物理的に吸着させる手法，イオン交換樹脂のような担体にイオン結合させる手法，アミノ基やカルボニル基などを用いて共有結合させる手法の3種類が用いられる。担体との結合によって酵素の活性が失われたり，低下したりする可能性がある。
　**架橋法**：酵素の間をグルアルデヒドのような2個以上の官能基を有する架橋剤を用いて架橋することにより，固定化・不溶化する方法。この方法も，結合によって酵素の活性が失われたり，低下したりする可能性がある。
　**包括法**：格子型のマトリックスや低分子の基質は透過するが，高分子の酵素

は透過しない半透性の膜（マイクロカプセル）を用いて固定化する方法。固定化操作によって酵素の活性が失われたり，低下したりする可能性はないが，膜を通した基質の供給が律速になる場合がある。

**問題 2.4　酵素を固定化した粒子の中は均一か？**

酵素を固定化する担体は，単位体積当りの固定化酵素量を上昇させるために，多孔質担体を用いる場合が多い。ところが，多孔質担体に酵素を固定化させて固定化酵素粒子を作製し，酵素反応に用いる場合，固定化粒子内の体積も考慮に入れる必要がある。

（1）　固定化酵素反応器における空隙率 $\varepsilon$ とは何か述べよ。

（2）　固定化粒子内での酵素反応の特徴を述べよ。

▶解答例◀

（1）　空隙率 $\varepsilon$ は，反応器（リアクター）の体積中における溶液の占める体積の割合である。通常，反応器内には無視できない量の大量の固定化酵素粒子が投入される。すなわち，反応器内の体積 $V$ は，固定化酵素粒子の部分 $V_\mathrm{I}$ とそれ以外の溶液の部分 $V_\mathrm{L}$ に分けられる。空隙率 $\varepsilon$ は次式で定義できる。

$$\varepsilon = \frac{V_\mathrm{L}}{V_\mathrm{I}+V_\mathrm{L}} = \frac{V_\mathrm{L}}{V}$$

すなわち

$$V_\mathrm{L} = \varepsilon V, \quad V_\mathrm{I} = (1-\varepsilon) V$$

となる。

（2）　固定化粒子を含む反応器内では，酵素反応は酵素の存在する固定化酵素粒子内でのみ起こる。すなわち，反応器の溶液の部分（$V_\mathrm{L}$）では基質濃度が均一であるが，固定化酵素粒子内においては基質が粒子の表面から内部まで拡散によって移動する。すなわち，基質濃度が粒子表面から中心部に至る間に濃度分布が存在する。したがって，表面から内部へと基質濃度が低下するため，粒子内部を外部と均一の基質濃度と考えた場合よりも，粒子内部における基質消費速度は低い値となる。

### 2.1.3 酵素の大量調製：組換えタンパク質の大量発現系と改良

　酵素を産業レベルで利用しようとすると，大量に調製して準備する必要がある。一方，酵素はタンパク質であり，大量に準備するためには大量に生物材料を集めてそこから調製するよりは，遺伝子組換え技術を用いて大量に生産させる手法が多用される。遺伝子組換えによる組換えタンパク質生産は，目的とするタンパク遺伝子を宿主細胞に組み込み，発現させる手段となるが，目的とするタンパク質の特性，ならびに利用方法に応じて発現系を選択する必要がある。

　遺伝子組換え技術を用いて酵素を大量に調製する場合，バイオプロセスの観点からは，① 生産された組換えタンパク質が細胞の中にとどまるのか，② 細胞外に分泌されるのかによって大きく製造プロセスが異なる。大腸菌は，遺伝子組換え技術が発達しているため，遺伝子組換えの宿主として汎用されているが，通常，生産された組換えタンパク質は細胞内に蓄積され，細胞外に分泌されない。また，大腸菌内に「高濃度に」生産されたタンパク質は，正しく立体構造を形成していない（S-S 結合を正しく形成していない）インクルージョンボディと呼ばれる不溶体を形成する場合も多く，その際は菌体を破砕して，インクルージョンボディを抽出したのち，これを変性し，巻き戻して正しい立体構造をとらせるというステップ（リフォールディング）が必要となる。菌体破砕やリフォールディングは一般的に工程数を増やすため，生産コストが上昇する要因となっている（図 2.1）。

　一方，酵母や動物細胞などを用いてタンパク質を生産させる場合は，細胞内においてタンパク質が形づくられた後，きちんとフォールディング，場合によっては翻訳後修飾を受けて細胞外に分泌される。すなわち，生産されたタンパク質は培地中に蓄積する形の生産工程になり，細胞と培地を分離したのちに，精製工程を経ることによって目的物質である酵素が生産可能となる。他方，大腸菌ほど生産系構築が容易でなく，動物細胞にいたっては細胞株の選抜とそれぞれに合わせた最適化を行わなければならず，工業生産プロセスを構築するまでの開発コストと十分な開発期間が必要となる。

2. バイオキャタリストの特性

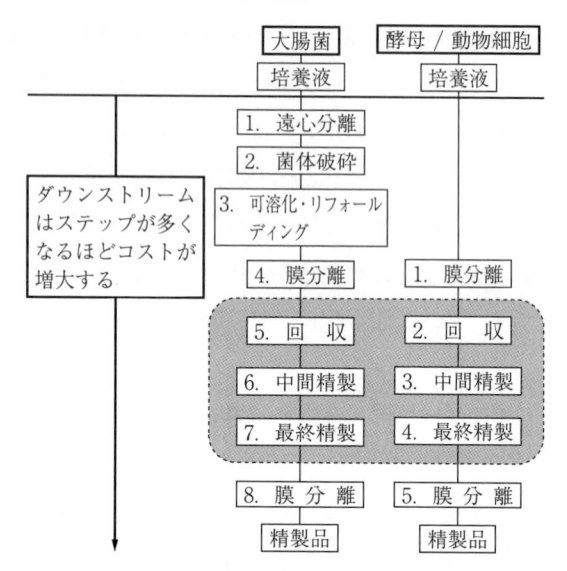

```
                    ┌─────────┐  ┌─────────────┐
                    │ 大腸菌  │  │ 酵母/動物細胞 │
                    ├─────────┤  ├─────────────┤
                    │ 培養液  │  │   培養液    │
                    └────┬────┘  └──────┬──────┘
                         │              │
                    ┌─────────┐         │
                    │1. 遠心分離│         │
                    ├─────────┤         │
                    │2. 菌体破砕│         │
┌──────────────┐    ├─────────┤         │
│ ダウンストリーム │    │3. 可溶化・│         │
│ はステップが多く │    │  リフォール│         │
│ なるほどコストが │    │  ディング │         │
│ 増大する     │    ├─────────┤  ┌─────────┐
└──────────────┘    │4. 膜分離 │  │1. 膜分離 │
                    ├─────────┤  ├─────────┤
                    │5. 回 収 │  │2. 回 収 │
                    ├─────────┤  ├─────────┤
                    │6. 中間精製│  │3. 中間精製│
                    ├─────────┤  ├─────────┤
                    │7. 最終精製│  │4. 最終精製│
                    ├─────────┤  ├─────────┤
                    │8. 膜分離 │  │5. 膜分離 │
                    ├─────────┤  ├─────────┤
                    │ 精製品  │  │ 精製品  │
                    └─────────┘  └─────────┘
```

**図 2.1** 組換えタンパク質製造工程の比較（文献 3）より改変）

単純に酵素反応を利用するだけであれば，精製工程を経て酵素純品を取り出さず，菌体そのものを不活化させ利用する手法も用いられている。これは菌体膜を処理することにより，不活化菌体とし，膜を通じた基質の出入りは可能とするものの，酵素自体は菌体外に漏れ出さないような系を構築し，固定化菌体として用いる手法である。

いずれの生産プロセスにおいても最終的な生産物において不要なものは菌体である。一方，菌体が存在しないと目的生産物が生産されることはない。すなわち，最終的には不要となる微生物・細胞そのものの生産（増殖）を抑えて，いかにして目的物だけを生産させるかがポイントとなる。微生物や酵母を用いた生産系において，この観点から酵素生産には，誘導発現が可能な生産系が用いられる場合が多い。すなわち，培養の前半では生産の場となる菌体量を増やす（増殖）ことに重点をおき，後半において発現誘導を行うことにより，目的酵素を大量に生産させる。誘導発現により，菌体を少なく，目的生産物を効率よく生産可能であるが，一方では増殖から生産への切り替えのタイミングや生産期におけるエネルギー供給，基質供給の効率化など難しい培養制御が必要と

**菌体ごと捕まえるとさらに効率的…**

される。

　さて，酵素は自然界に存在する配列がそのまま利用されるのではなく，より積極的に酵素自体の改変が通常行われる。特異性を高めたり，反応最適温度を上昇させたり，安定性を高めるなど，その改変したい形質は元の酵素によって異なるが，現在のところ in silico，すなわちコンピュータ上ですべてを設計して改変することはできない。

　そこで，ランダムにアミノ酸配列を変化させ，その後，スクリーニングの手法によって目的の形質を持つ酵素を選択する手法が用いられる。ランダム変異の手法としては，元の菌株に変異剤を導入して変異を起こさせる手法やDNA配列自体をシャッフルする方法が挙げられる。いずれにせよ，多数の変異した酵素のなかから目的の変異が引き起こされた酵素（菌体）をいかに簡単に，かつ早く選抜する手法の開発が非常に重要なポイントとなる[3]。

---

**問題2.5　良いものをどうやって見分けるか？**

　生産プロセスの構築において，多数の酵素（菌体）からなるライブラリーと呼ばれる集団から，目的とする形質を持つ酵素（菌体）をできるだけ簡便な手法を用いてスクリーニングする手法がたいへん重要なポイントとなる。近年では，膨大に存在する対象から目的の生物活性や機能を持つものを，大量にかつ機械的にスクリーニングするハイスループットスク

リーニングと呼ばれる手段も盛んに開発されている[3]。スクリーニングにおいて多数のものを同時に検出する手法として，知っているものを挙げて説明せよ。

▶解答例◀

菌体外に分泌されるセルラーゼなどの分解酵素をスクリーニングする場合，基質を含む寒天培地に被験菌を生育させる。生育したコロニーの周辺には基質の分解に伴って透明帯（ハロー）が形成され，この透明帯の大きさで活性の大小が評価できる[4]。

菌体内に蓄積される酵素をスクリーニングする場合，基質が菌体膜透過性の場合，基質のみを唯一の炭素源（窒素源）とする菌体分離用の寒天培地にて選択することにより，目的とする菌体を得ることができる。また，コロニー形成後，発色試薬にて染色するもしくは基質から生成物の酵素反応を色の変化にて検出する手法も利用できる[4]。近年では，これらの発色系をハイスループットスクリーニングするために，高密度マイクロウェルプレート（384 ウェル，1536 ウェルなど）と，それに合わせた検出系（マイクロプレートリーダーと呼ばれる吸光・発光・蛍光検出器）が開発されている。

## 2.2 微生物の特性とその改良技術

### 2.2.1 微生物の栄養（培地），代謝，増殖，培養，スクリーニング

生物化学工学の発展の歴史は，微生物の産業応用とともに発展してきたといっても過言ではない。微生物の産業利用は，古くは紀元前のワイン，ビールの醸造から始まり，約 400 年前に完成した清酒，さらには 1900 年代初頭に実用化された有機酸発酵，そして抗生物質生産，アミノ酸発酵とさまざまな分野に応用されている。

（1）**増殖に及ぼす環境因子**　微生物の増殖には，① 適切な栄養源，② 温度，③ pH，④ 酸素，⑤ その他（水分，圧力，浸透圧など）が大きく影響

を及ぼす。微生物の培地は，エネルギー源，炭素源，窒素源，無機塩類，微量栄養素あるいは成長因子（ビタミンなど），からなる非常に複雑な組成から成り立っている。産業用に用いる培地は，コストを下げる目的で天然物由来の成分を用いるため，実際にこれらの成分を厳密に分けることは難しい。工業的によく用いられる炭素源としては，天然資源由来のデンプン，サトウキビから砂糖を精製した後の溶液である廃糖蜜，トウモロコシからデンプンを生成する際に得られる副産物であるコーンスティープリカーが挙げられる。

**問題2.6 エネルギーの供給源と炭素源で微生物を分けると？**

ほとんどの工業微生物は，エネルギー供給の面から見ると化学合成従属栄養微生物（chemoheterotroph）に分類される。化学合成従属栄養微生物の特徴について簡単に説明せよ。

▶解答例◀

化学合成従属栄養微生物の特徴としては，エネルギー源として化学物質を利用し，おもな炭素源として有機化合物を利用する点にある。炭素源としては，炭水化物や脂肪酸，有機酸，炭化水素などが挙げられるが，化学合成従属栄養微生物はこれらの物質を炭素源としてだけでなく，エネルギー源としても利用するため，純粋にこの両者を区別することは難しい。

> **問題2.7 窒素源として利用されるのは何か？**
>
> 微生物の培養において，炭素源についで大量に消費されるのが窒素源である。窒素は微生物の構成成分元素としても，炭素，水素，酸素とならんで多く使われている。なぜこのように菌体に大量に必要なのかを説明し，産業生産に利用される窒素源の例を挙げよ。
>
> ▶解答例◀
>
> 窒素はおもにアミノ基を構成し，生体内のアミノ酸の基として利用され，細胞内のタンパク質内に大量に存在している。工業的に利用される安価な窒素源としては，硫安（硫酸アンモニウム），尿素，アンモニアガス，カゼイン，大豆粕，綿実粕，酵母エキス，ペプトン，チーズホエー，コーンスティープリカー，タンパク性物質の酵素分解物などが挙げられる。

微生物は，その生育に適した温度によって，低温菌，中温菌，高温菌，超好熱菌などに分けられる。産業生産には種類が多い中温菌が汎用されている。微生物の増殖は温度によって変化する。通常，温度が上昇するに従って増殖が速くなるが，温度がある程度以上に上昇すると急激に増殖が低下し，死滅する。一方，温度が低くなると増殖はゆっくりと遅くなる。実際の産業生産においては，速く増殖するほうが生産時間の短縮などの観点から有利であり，微生物の増殖に最適な温度域において培養を行っている。

通常の実験室で試験管や三角フラスコで培養しているときにはほとんど問題にならないが，実際の工業生産において微生物を大量かつ高濃度に増殖させると，それに伴って無視できないほどの発酵熱が生じ，培養槽の温度上昇が起こり，生産低下や微生物の死滅が引き起こされる。これを防ぐため，通常発酵槽の冷却が必要となる。特に熱帯・亜熱帯地方で産業生産を行う場合においては，発酵槽の冷却コストは無視できず，高温でも増殖・物質生産可能な微生物が求められている。

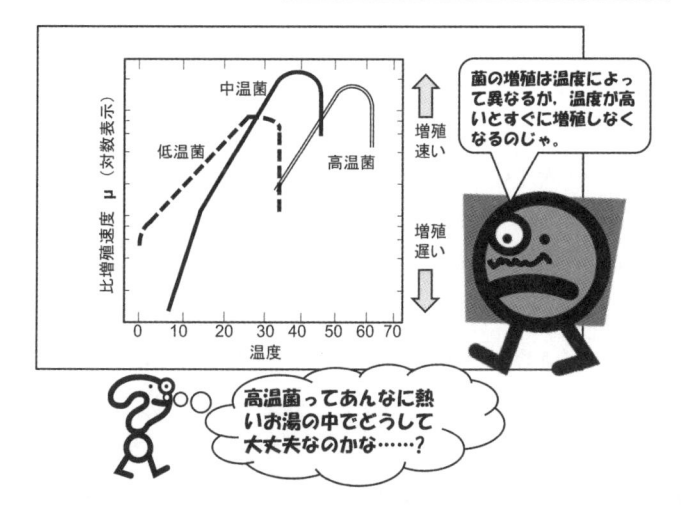

## 2.2 微生物の特性とその改良技術

*(図：温度と比増殖速度μ（対数表示）の関係グラフ。低温菌、中温菌、高温菌の曲線。温度0〜70℃。「菌の増殖は温度によって異なるが，温度が高いとすぐに増殖しなくなるのじゃ。」「高温菌ってあんなに熱いお湯の中でどうして大丈夫なのかな……？」)*

**問題2.8　比増殖速度とアレニウスの式**

**アレニウスの式**とは，化学反応における速度と温度の関係を表現した式であり，化学反応に及ぼす温度の影響を予測することができるものである。アレニウスの式にならって，微生物における比増殖速度$\mu$を温度の関数として表す式を記し，式中の各パラメータを求める方法を示せ。

▶解答例◀

アレニウスの式における反応速度定数に相当するものが比増殖速度$\mu$になる。したがって

$$\mu = Ae^{\left(-\frac{E_\mu}{RT}\right)}$$

（$R$：気体定数，$T$：絶対温度，$A$：定数，$E_\mu$：活性化エネルギーに相当）
と表現することが可能となる。

式中のパラメータ$A$および$E_\mu$を求めるためには，この式の対数をとり，次式のように変形する。

$$\ln \mu = -\frac{E_\mu}{RT} + \ln A = \frac{-E_\mu}{R} \cdot \frac{1}{T} + \ln A$$

すなわち，比増殖速度の対数値と温度の逆数をプロットすることにより，切

片と傾きからパラメータ $A$ および $E_\mu$ を求めることが可能となる。実際には，この式が成立する範囲は限られた温度範囲となる。

微生物の増殖においては，pH も大きく影響を及ぼす。通常，増殖に最適な pH は比較的狭く，細菌では中性から弱アルカリ性，酵母では pH 5 程度の酸性から中性が適している。特殊な細菌では低い pH（1～4）や高い pH（10～11）で増殖するものも存在するが，一般に産業応用に用いるには増殖が遅く，応用例は少ない。通常，増殖が進むにつれて一般的に pH は低下する。これは，微生物が代謝によって酸を生成する以外に，培地中のアンモニア源を消費することにより pH が低下する。すなわち，大量にかつ高濃度で培養するためには，pH を増殖に適した範囲に制御することが必要不可欠である。

酸素も微生物に対して大きな影響を及ぼす。酸素に対する挙動によって，偏性好気性菌，微好気性菌，通性嫌気性菌（通性好気性菌），偏性嫌気性菌に分けることができる。産業応用にはこれらの菌それぞれが用いられているが，通性嫌気性菌（通性好気性菌）は酸素があれば利用するものの，酸素がなくても増殖することが可能であり，大腸菌や酵母など産業応用にたいへんよく用いられている。一方，酸素が増殖にとって有害であり，酸素のまったくない環境下で培養をしなければならない偏性嫌気性菌は，酸素の侵入を防ぐような密封系での培養で，さらに酸素を取り除くような特別な取扱いが必要とされる。

これ以外に微生物の増殖に影響を及ぼす環境因子としては，水分，圧力，浸透圧，光などが挙げられる。また，液体培養の場合には問題にはならないが，固体培養の場合には水分量の指標としての水分活性（$a_w$）が挙げられる。定義はここでは省略するが，本数値は純水を 1 として，水の割合が減少すると数値が低下する。一般的に酵母やカビは，細菌よりも水分の少ない環境下で増殖が可能である。

微生物を用いた産業応用の特徴としては，産業応用の場合に必要なのは微生物そのものではなく，菌体が生産する何らかの化学物質（アミノ酸，核酸，タンパク質など）や，菌体が行う反応である場合が多い。微生物は，炭素，窒

素，酸素などを取り込んで細胞の増殖を行いながら発熱し，二酸化炭素や代謝産物を放出していく．基本的な微生物の代謝の流れは，まずは取り込んだグルコースが解糖系によってピルビン酸にまで分解され，その後，好気的代謝の場合はTCAサイクルにて代謝され，炭酸ガスにまで分解される．

この解糖系からTCAサイクルへの流れにおいて，代謝系そのものに存在する中間代謝物や，中間代謝物からいくつかの反応を経て生成される一次代謝産物が生産の対象となる目的物質である場合が多い．すなわち，微生物の中で，グルコースから出発して，これらの代謝物をいかにして効率よく代謝させるかが効率的な生産のカギとなる．そのためには，生体内の代謝反応や生化学の基礎，さらには微生物の増殖様式，その培養法，工業規模での生産のためのさまざまな技術的なことを知っておかなければならない．

**問題 2.9　グルコース1 molを代謝したらどうなるか？**

微生物の培養において，炭素源として最も基本的なものはグルコースである．では，酵母がグルコース1 molを解糖系とTCAサイクルにおいて代謝した場合，得られるATPと炭酸ガスのモル数を示せ．

▶解答例◀

まず，解糖系においてグルコース1 molが2 molのピルビン酸にまで代謝される．その間に2 molのATPが生じる．この生じたピルビン酸はTCAサイクルにて酸化され，1 molのピルビン酸から3 molの炭酸ガスを生じる．解糖系で

1 mol のグルコースから生じた 2 mol の NADH と，TCA サイクルで 1 mol のピルビン酸からの 4 mol の NADH と 1 mol の FADH$_2$，さらには 1 mol の ATP が生じる。これらの NADH の再酸化で 3 mol の ATP，FADH$_2$ の再酸化で 2 mol の ATP が生じるとすると

$$\text{グルコース}(C_6H_{12}O_6) + 3\,O_2 \Rightarrow 6\,CO_2 + 6\,H_2O + 38\,ATP$$

となる。

## 問題 2.10　代謝経路と一次産物

微生物において，代謝経路の観点から解糖系に関連して合成されるアミノ酸と，TCA サイクルに関連して合成されるアミノ酸を挙げよ。

▶解答例◀

解糖系から分岐して合成されるアミノ酸としては，トリオースリン酸から合成されるセリン，グリシン，システインとホスホエノールピルビン酸から生じる芳香族アミノ酸であるフェニルアラニン，チロシン，トリプトファン，さらにはピルビン酸から生じるアラニン，バリン，ロイシンが挙げられる。

TCA サイクルから分岐して合成されるものとしては，2-オキソグルタル酸から合成されるグルタミン酸，グルタミン，アルギニン，プロリン，さらにオキサロ酢酸から合成されるアスパラギン酸，リシン，メチオニン，トレオニンが挙げられる。

## 問題 2.11　どうして代謝が変化するのか？

アミノ酸生産菌として知られている *Corynebacterium glutamicum* を用いて，旨味成分として知られているグルタミン酸を生産する場合，下記のように培養環境によって生産物が変化する。なぜこのようなことが起こるのか。以下（1），（2）の代謝経路に基づいて考察せよ。

（1）培養中，通気量が不足すると乳酸が生産されるが，十分な通気量だとグルタミン酸が生産される。

（2）アンモニア量が適切な量だとグルタミン酸が生産されるが，過剰

に存在するとグルタミンが生産される。

▶解答例◀
（1） グルタミン酸は TCA サイクルの 2-ケトグルタル酸（$\alpha$-ケトグルタル酸）から生成される。通気量が不足すると TCA サイクルが十分に回転しなくなるため，解糖系の最終産物であるピルビン酸から乳酸が生産される。
（2） TCA サイクルの 2-ケトグルタル酸（$\alpha$-ケトグルタル酸）から生成される。2-ケトグルタル酸にアミノ基が一つ結合するとグルタミン酸，グルタミン酸にさらにもう一つ結合するとグルタミンとなる。このアミノ基は培地中の窒素源としてのアンモニアから供給されるため，アンモニア量によって変動する。

（2） **微生物の増殖：微生物量の測定法**　　物質生産における微生物量の把握は，微生物の増殖を評価するうえでたいへん重要な項目である。微生物量の測定方法としては，重量を測定する重量法，容量を測定する充填容量法，濁度を測定して菌体量を推定する濁度法，さらに，細胞数を直接計数する細胞数計数法が挙げられる。

これらの手法のうち最もよく用いられているのが濁度法である。これは，吸光度計を用いて，波長 600 nm や 660 nm にて濁度（optical density, OD）を測定し，あらかじめ準備した検量線を用いて乾燥菌体重量濃度に換算する手法である。検量線の使える範囲が狭く，濁度が高く（菌体濃度が高く）なると測定値から正しく濁度に換算できないため，一定の範囲になるように希釈する必要がある。培地に濃い色がついている場合や，固形物を含む場合には使えないという欠点はあるが，汎用性があるため一般に用いられている。なお，濁度は測定する機器によって値が異なるため，同じ OD 値でも測定機器が異なれば同じ乾燥菌体濃度を指すとは限らない。この点を理解しないままに，OD 値のみしか示していない論文やマニュアルがしばしば見受けられるので，留意する必要がある。

**（3） 培養とスクリーニング** さて，微生物を産業利用するためには，培養を行い，微生物を増殖させ，物質生産を行う必要がある。微生物の培養方法は大別して，固体培養と液体培養，さらには培養液（培地）の中まで培養する深部培養と，液体，固体の表面だけで培養する表面培養，そして，酸素への感受性から嫌気培養と好気培養に分けられる。用いる微生物の種類と生産物に応じて，これらの培養法が使い分けられているのが実情である。

　実際の微生物の培養は菌体の保存から始まっているといってよい。実生産を再現よく行うためには，いかによい状態で菌株の保存を行うかが重要なポイントになる。菌株保存法としてさまざまな手法が開発されているが，長期保存によく用いられているのは凍結保存法である。これは，グリセロールのような凍結保護剤を添加した後，極低温（−80℃がよく用いられる）で凍結保存することにより，長期間の菌株保存を実現する手法である。凍結保存した菌株を起こして，試験管や寒天平板培地などで培養を開始するところから実際の生産工程は開始となる。

　生産工程が開始になっても，すぐに大きな実製造スケールで微生物の培養が開始されるわけではない。小さなスケールで増やした菌体を，三角フラスコ，試験管，ミニジャーファーメンター，中規模の培養槽と徐々にスケールを上げていく（これをスケールアップと呼ぶ）ことにより，実際の物質生産は行われる。

## 2.2 微生物の特性とその改良技術

最もよく用いられている産業規模での培養方法は，通気撹拌型培養槽を用いた好気性微生物の培養である。通気撹拌槽とは文字通り，培養液中に直接空気を通気することにより酸素供給を行い，さらに槽内を撹拌混合することによって均一な状態をつくり出し，酸素供給をより効率よく行う培養法である。小さなスケールでは1L程度の培養から，大きなスケールでは数百トンのレベルまでの通気撹拌槽による培養が行われている。

---

**問題2.12　三角フラスコの結果が大きなリアクターで再現できない？**

　三角フラスコで好気的に微生物培養を行った培養結果と，大きな通気撹拌槽（リアクター）を用いて行った培養結果が異なることはよく知られている現象である。この両者で好気的に微生物培養を行う際に，どのような環境条件が異なるのか述べよ。

▶解答例◀

　三角フラスコでの培養と大きなリアクターでの培養の環境条件の違いをすべて挙げるのは難しいが，培地への酸素供給速度の違い（通常，三角フラスコよりも通気撹拌槽が酸素供給において優れている）が挙げられる。次に，リアクターでは三角フラスコではできない溶存酸素濃度やpHの制御が可能となるため，これらの因子が培養と生産に大きく影響を及ぼす場合に結果が異なる可能性がある。さらに，もっと大きなリアクターでは，液深が深くなることによる水圧の酸素濃度や菌体への影響も考えられる。さらに，菌糸体を形成するような培養においては，大きなリアクターにおける撹拌羽根によるせん断によって菌体が切断される場合があり，それが影響するなどが考えられる。

---

通気撹拌培養における培養操作としては，最初に入れた培地をそのまま用いて培養する回分培養，さらに途中で培地を継ぎ足していく半回分（流加）培養，さらには連続的に培地を供給して培地を抜き出す連続培養がある。これらの詳細な物質収支は4章で述べるが，操作の簡便さでは回分培養が，環境因子を一定に制御するのには連続培養が適している。

## 問題2.13　3種類の培養操作における菌体濃度と制限基質濃度の経時変化は？

通気撹拌型培養槽の操作には，回分，流加（半回分），連続の3種類がある。これらの培養における経時変化を以下の図に模式的に入れて，それぞれの特徴を述べよ（実線で菌体濃度（$X$），点線で制限基質濃度（$S$）を示せ）。

▶解答例◀

回分培養では，最初に入れた制限基質が菌体に消費され，菌体濃度の上昇とともに増加する。制限基質がなくなった時点で菌体増殖が停止する。

流加培養においては，まずは回分培養を開始後，制限基質濃度がある一定レベルになった時点で培地流入が開始される。制限基質は枯渇することなく，流加によって通常はある一定レベルに保たれ，菌体増殖が持続する。

連続培養では連続的に培地の流入・抜出しを行うため，しばらくすると定常状態が達成される。定常状態においては，制限基質濃度，菌体濃度は一定に保たれる。

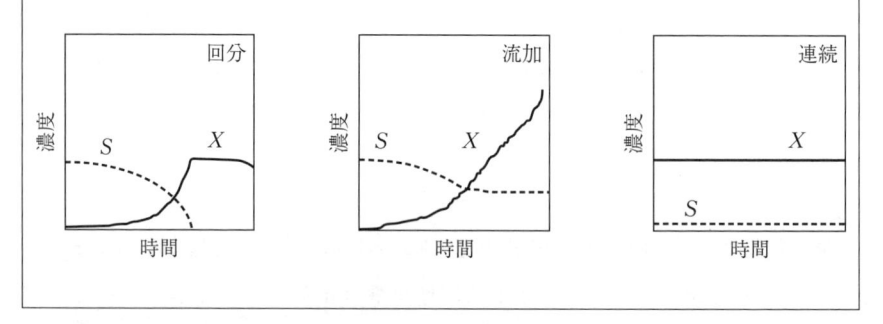

自然界に存在する微生物をそのまま物質生産に用いることのできるケースはそれほど多くない。通常は，育種と呼ばれる微生物の改良技術を用いて，より

効率的に,さらに大量に目的物を生産する微生物を構築する。育種には,突然変異を引き起こして有用な形質を獲得した微生物を選抜する手法がよく用いられている。**スクリーニング**とは,この微生物の選抜手段のことであり,通常は培養を用いて選抜される。

　目に見えない小さな微生物を肉眼で見て,一つひとつの性質を見分けることはたいへん難しく,実際には不可能である。そこで用いる方法は,コロニー形成法と呼ばれる,微生物を寒天平板培地に薄くまいて,しばらく培養する手法である。微生物は小さな一つひとつに分散しているが,その状態では肉眼で観察することはできない。一方,しばらくすると1個の微生物からどんどんと増殖することにより,コロニーと呼ばれる塊を形成する。これを拾って新しい培地にて培養することにより,1個の微生物から派生した同じ形質を持つ微生物集団を選抜することができる。

　ここでよく用いられる工夫は培地にある。目的の生産物を大量に生産する微生物にとって有利な培地を準備することにより,目的物を生産しない微生物や目的の形質を持たない微生物が増殖できない(増殖しにくい)環境をつくり出すことにより,スクリーニングを行うことができる。

**最初はわからないけどしばらくすると増えてくるので…**

### 2.2.2　代謝制御発酵と代謝工学

　通常,微生物は細胞内でさまざまな物質を合成するが,その濃度や代謝経路はたいへん厳密に制御されており,生物にとって必要な量しか合成されていな

い。一方，産業規模でこれらの微生物を代謝物生産に利用する場合，生物が必要とする以上の大量の目的代謝物を合成させる必要がある。すなわち，生物の中に備わっている代謝制御の機構を解除したり操作したりすることにより，目的の代謝物を大量に生産させる必要がある。

微生物における代謝調節は，遺伝子の発現を調整して制御するもの（フィードバック抑制や異化物抑制）と，酵素の活性を調整して制御するもの（フィードバック阻害）に分けられる。前者は，代謝物濃度が菌体内（菌体外）において上昇することにより，代謝物生産に関連する合成経路の遺伝子発現が調節を受け，代謝を担う酵素の量が減少することにより代謝系を調節して，大量につくらせないようにする。

一方，後者の酵素の活性を調整する場合は，代謝を担う酵素に対してアロステリック効果などによってその酵素反応を阻害し，代謝系を調節する機構である。したがって活性が低下するものであり，酵素そのものの量が減じたり，なくなったりするわけではない。

これらの代謝調節を解除する目的で用いられているものが，栄養要求性変異株やアナログ耐性株である。栄養要求性変異株とは，ある特定の栄養（アミノ酸の場合が多い）を合成できないような変異株を作成することにより，この特定の栄養による代謝経路の調節機構を解除するものである。このような菌株は生合成経路の一部が遮断されているために，代謝の途中にある物質を大量に生産するものもあり，物質生産に利用することができる。また，アナログ耐性株は，特定のアミノ酸のアナログ物質（アミノ酸として利用されないために生育阻害を引き起こす）の存在下で，生き残ることのできる変異株を作成することにより，特定のアミノ酸による生産抑制メカニズムが解除された菌株を得ることができ，高生産株が育種できる。

これらの代謝制御は，近年では代謝を制御している代謝系の目的遺伝子が判明することにより，遺伝子工学的手法を用いても実現できるようになってきた。一方，複雑な代謝をすべて表現することは現在でも難しい。近年では代謝工学と呼ばれる細胞内の代謝流束を記述し，これを操作することにより代謝を

効率化したり，新しい化合物を合成する代謝を構築したりする手法も開発されてきている．

---

**問題 2.14　単純なほうが好まれる？**

アミノ酸発酵に用いられている微生物として *Corynebacterium glutamicum* がある．大腸菌と比較して，どうしてこの微生物がアミノ酸生産によく用いられるのか，代謝調節の観点から説明せよ．

▶解答例◀

*Corynebacterium glutamicum* におけるアミノ酸合成の制御機構と，それにかかわる酵素が大腸菌と比較して単純であり，代謝制御を解除したり変更したりする改良が行いやすいためである．例えば，アスパラギン酸からホスポアスパラギンを合成する酵素アスパルトキナーゼは，大腸菌においては3種類が知られているが，*Corynebacterium glutamicum* では1種類である．さらに，大腸菌の3種類の酵素はメチオニン，リジン，スレオニン，イソロイシンによってフィードバック阻害や抑制を受けるが，*Corynebacterium glutamicum* の1種類の酵素は，スレオニンによるフィードバック阻害だけで調整されている．

---

# 参 考 文 献

1) ヴォート：基礎生化学 第三版，東京化学同人 (2010)
2) 左右田健次, 今中忠行, 谷澤克行 編著：工学系のための生化学, 化学同人 (2012)
3) 化学工学会バイオ部会 編：バイオプロダクション ─ ものつくりのためのバイオテクノロジー ─, コロナ社 (2006)
4) 協和発酵東京研究所 編：微生物実験マニュアル, 講談社サイエンティフィク (1986)

# 3 バイオリアクションにおける量論・速度論

## 3.1 微生物反応における量論

　生物はそれがたとえ単細胞であっても，きわめて多数の有機・無機化合物から成り立っている。生物は，細胞の中でそれらの構成成分を，さまざまな反応経路により，同時進行的に合成・分解することにより増殖・維持を図る。したがって，微生物反応を正確にモデル化しようとする場合，究極的には細胞内のすべての成分および反応経路の物質収支に基づいた連立微分方程式となる。最近，そのような試みも盛んに行われているものの，膨大かつ未知なものも多い反応物，反応経路，反応速度パラメータを含む細胞モデルの構築は，いまだ現実的には難しい。そこで，従来からパン製造における種酵母の生産などに代表されるように，細胞そのものも含めて，微生物反応により，ある原料から有用物質がどのくらいできるかを定量的に把握するために，物質およびエネルギー収支に基づく微生物反応の量論的な取扱いが行われてきた。

### 3.1.1 生物化学量論

　細胞内では，さまざまな反応が複雑にからみ合いながら生命活動が維持されているが，細胞全体としては以下のように表すことができる。

$$\underset{\text{炭素源}}{\Delta S} + \underset{\text{窒素源}}{\Delta N} + \underset{\text{酸素}}{\Delta O_2} \rightarrow \underset{\text{菌体}}{\Delta X} + \underset{\text{生産物}}{\Delta P} + \underset{\text{水}}{\Delta H_2O} + \underset{\text{二酸化炭素}}{\Delta CO_2} \qquad (3.1)$$

ここで，炭素源，窒素源，酸素など菌体や生産物を合成するために必要な原料は**基質**（substrate）と呼ばれることが多い（$\Delta$ は，ある一定時間における差分を表す）。

### 3.1.2 収率（物質基準）

式 (3.1) において，基質の消費に対して得られた増殖菌体（$\Delta X$）の比を増殖収率と呼び，基質が炭素源の場合，炭素源に対する**増殖収率** $Y_{X/S}$〔g dry-cell mol carbon source$^{-1}$〕は，以下のように定義される。

$$Y_{X/S} = \frac{\Delta X}{\Delta S} \tag{3.2}$$

また，おもに呼吸により消費された酸素に対する増殖収率 $Y_{X/O}$〔g dry-cell mol O$_2^{-1}$〕は，以下のように定義される。

$$Y_{X/O} = \frac{\Delta X}{\Delta O_2} \tag{3.3}$$

培養中，菌体外に代謝産物を蓄積する場合，その原料である基質に対する収率は**生産物収率**と呼ばれる。ここで，炭素源に対する生産物収率 $Y_{P/S}$〔mol product mol carbon source$^{-1}$〕は次式で定義される。

$$Y_{P/S} = \frac{\Delta P}{\Delta S} \tag{3.4}$$

式 (3.2) ～ (3.4) は，原料のモル物質量当りの収率なので，物質基準の収率といえる。なお，炭素源，生産物ともにg（グラム）当りの収率，$Y_{X/S}$〔g dry-cell g carbon source$^{-1}$〕，$Y_{P/S}$〔g product g carbon source$^{-1}$〕で表現されることもある。

### 3.1.3 培養における化学量論式

式 (3.1) について炭素源を炭水化物，窒素源をアンモニアとすると，炭素，窒素，水素，酸素の物質収支に基づく化学量論式は式 (3.5) となる。

$$CH_mO_l + aNH_3 + bO_2 = y_C CH_pO_nN_q + y_P CH_rO_sN_t + cH_2O + dCO_2 \tag{3.5}$$

ここで，$CH_mO_l$ は炭水化物，$CH_pO_nN_q$ は菌体，$CH_rO_sN_t$ は生産物，$a \sim d$ は量論係数，$y_C$, $y_P$ はそれぞれ無次元の増殖収率，生産物収率であり，炭素源に対する増殖収率 $Y_{X/S}$，生産物収率 $Y_{P/S}$ に対して次の関係にある。

$$y_C = \frac{\alpha_2}{\alpha_1} Y_{X/S} \tag{3.6}$$

$$y_P = \frac{\alpha_3}{\alpha_1} Y_{P/S} \tag{3.7}$$

ここで，$\alpha_1$：炭素源の炭素含量〔g carbon mol carbon source$^{-1}$〕，$\alpha_2$：菌体の炭素含量〔g carbon mol dry-cell$^{-1}$〕，$\alpha_3$：生産物の炭素含量〔g carbon mol product$^{-1}$〕である。

菌体組成は，C, H, O, N について元素分析を行うことにより決定できるが，そのほかの無機成分については灰分として別に測定し，乾燥重量から差し引いて計算する必要がある。灰分は，菌体に高熱をかけて有機成分を燃やすことにより，残った灰分（強熱残渣）の重量を計測して測定できる。

### 問題 3.1 微生物の分子式を求めてみよう

グルコースを単一炭素源として得られた微生物 M を乾燥し，その 100 g を元素分析したところ，炭素 45.3 g，水素 6.4 g，窒素 10.8 g の測定値が得られた。さらに，強熱残渣により灰分は 7.5 %（w/w）であることがわかった。この微生物の分子式（$CH_pO_nN_q$）を求めよ。

▶解答例◀

菌体は，C, H, O, N および灰分から成り立っている。そこで，差し引きによって菌体中の酸素重量を求める。100 g 中の 7.5 % が灰分，すなわち 7.5 g が灰分重量である。

100 g 細胞中の酸素重量 ＝ 乾燥微生物重量 －（C 重量＋H 重量＋N 重量＋灰分重量）
 ＝ 100 －（45.3 ＋ 6.4 ＋ 10.8 ＋ 7.5）＝ 30.0 g

次に，それぞれのモル量を計算し，C を 1 としたときの比を求めると，**表 3.1** のようになる。

表 3.1

| 元素 | 成分量〔g〕 | モル量〔mol〕 | C を 1 としたときの比 |
|---|---|---|---|
| C | 45.3 | 3.78 | 1.00 |
| H | 6.4 | 6.40 | 1.70 |
| N | 10.8 | 0.77 | 0.20 |
| O | 30.0 | 1.88 | 0.50 |

したがって，分子式は，$CH_{1.7}O_{0.50}N_{0.20}$ となる。

### 3.1.4 従属栄養菌の増殖における炭素源の運命

微生物はさまざまな炭素源を消費して増殖する。炭素源がグルコースなどの有機物の場合，菌体合成のための炭素源として用いられるよりはむしろ，エネルギー源として菌体合成および維持に使われる場合が多い。生体内でエネルギーを獲得するために行われる炭素源の分解は**異化**（catabolism）と呼ばれる。一方，炭素源の菌体合成に必要な物質への変換は**同化**（anabolism）と呼ばれる。

一種類の炭素源 $S$ のみを含み，それ以外は無機物より構成される培地（最少培地）では，炭素源は，同化と異化の経路へ代謝される（**図3.1**）。したがって，式 (3.1) において消費された炭素源 $\Delta S$ は，実際には細胞構成成分として使われるもの（$\Delta S_A$）と，異化でエネルギー生産に使われるもの（$\Delta S_C$）に分

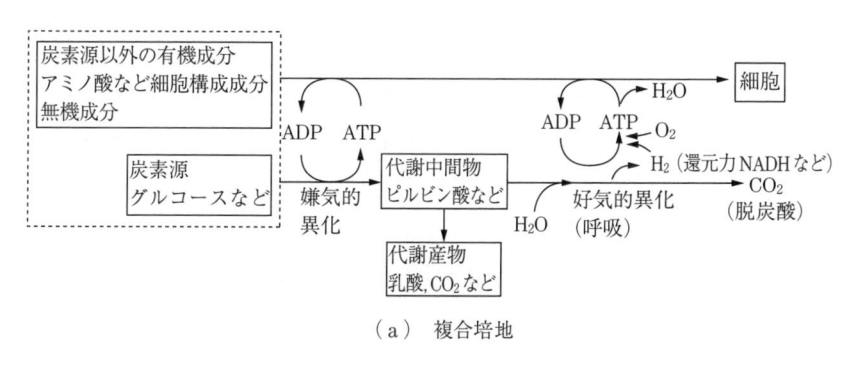

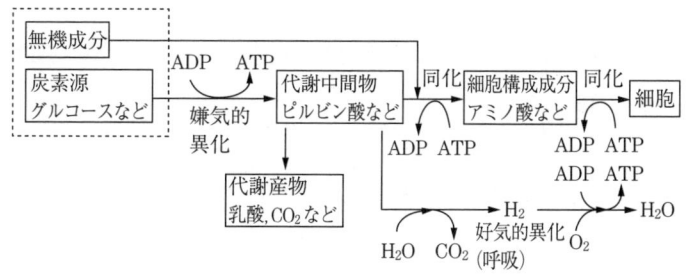

(a) 複合培地

(b) 最少培地

**図3.1** 複合培地と最少培地における同化と異化〔出典：田口久治，永井史郎 編，微生物培養工学，pp.10-11，共立出版（1985）〕

割できる。

$$\Delta S = \Delta S_A + \Delta S_C \tag{3.8}$$

$\Delta S_A$ は同化された炭素量なので，増殖菌体量 $\Delta X$ と菌体の炭素含量から以下の式で計算できる。

$$\Delta S_A = \frac{\alpha_2}{\alpha_1} \Delta X \tag{3.9}$$

したがって

$$\Delta S_C = \Delta S - \Delta S_A$$

$$= \Delta S - \frac{\alpha_2}{\alpha_1} \Delta X$$

$$= \Delta S \left(1 - \frac{\alpha_2}{\alpha_1} \frac{\Delta X}{\Delta S}\right) = \Delta S \left(1 - \frac{\alpha_2}{\alpha_1} Y_{X/S}\right) \tag{3.10}$$

一方，複合培地はグルコースなどの炭素源のほかに，ミルクのタンパク質であるカゼインなどを加水分解して生産されるペプトンやカザミノ酸や，工業規模で用いられるより安価なコーンスティープリカー（corn steep liquor, CSL），大豆かすなどの有機窒素成分と，ビタミン類，微量金属成分の補給として酵母エキス，そしてリン酸塩，マグネシウム塩，アンモニウム塩などの菌体合成に比較的多く必要な無機塩類を含む。複合培地では，菌体合成（同化）に必要な成分は，有機窒素源および酵母エキスなどから供給されるので，炭素源のほとんどは異化経路で消費される。したがって，異化でエネルギー生産に使われる炭素源量は消費された炭素源量に等しい（図3.1，式(3.11)）。

$$\Delta S_C = \Delta S \tag{3.11}$$

---

**問題 3.2　異化に使われた割合は？**

微生物 M 株 $0.01\,\mathrm{g\,dry\text{-}cell\,L^{-1}}$ を初発菌体濃度として，$18.0\,\mathrm{g\,L^{-1}}$ グルコースを単一炭素源とする最少培地で嫌気的に培養したとき，グルコースは完全に消費され，$2.62\,\mathrm{g\,dry\text{-}cell\,L^{-1}}$ の菌体が得られた。消費グルコースの異化に利用された分率〔％〕を計算せよ。ただし，菌体中の炭素含量

は $\alpha_2 = 0.45$ g carbon/g dry-cell である。

▶解答例◀

最少培地なので，式 (3.10) を用いて計算できる。

$$\frac{\Delta S_\mathrm{C}}{\Delta S} = 1 - \frac{\alpha_2}{\alpha_1} Y_\mathrm{X/S}$$

まず，菌体収率 $Y_\mathrm{X/S}$ を求める。

$$Y_\mathrm{X/S} = \frac{\Delta X}{\Delta S} = \frac{2.62 - 0.01}{(18 - 0)/180} = \frac{2.61}{0.1}$$

$$= 26.1 \text{ g dry-cell} \quad \text{mol glucose}^{-1}$$

ここで

$$\alpha_1 = \frac{6 \times 12}{1} = 72 \text{ g carbon} \quad \text{mol glucose}^{-1}$$

$$\alpha_2 = 0.45 \text{ g carbon} \quad \text{g dry-cell}^{-1}$$

なので

$$\frac{\Delta S_\mathrm{C}}{\Delta S} = 1 - \frac{0.45}{72} \times 26.1 = 0.84$$

よって，消費されたグルコースの 84 % が異化されたと予想できる。

### 3.1.5　いろいろな増殖収率の計算方法

増殖収率とは，消費された基質に対して増殖した微生物の量を示すものである。先に定義した $Y_\mathrm{X/S}$ は，使う基質と微生物が決まっていて，発酵条件を変えたときの収率を比較するうえでは問題なく利用できる。しかし $Y_\mathrm{X/S}$ は，炭素源の種類にかかわらず 1 mol 当りの生成菌体量を示すものであり，もし炭素源を変えた場合，その種類によって代謝が異なるため，1 mol 当りに得られるエネルギー量も異なるので，菌体の生成効率を単純に増殖収率を用いて比較することはできない。したがって，炭素源の種類を考慮して，同一基準で比較できる増殖収率が必要である。

（1）**有効電子数を基準にした増殖収率**　　解糖系および TCA サイクルな

どで炭素源の分解過程で放出されたエネルギーは，$NADH_2$ などの電子キャリアに保存される。そして電子伝達系でのATP生成に利用され，最終的に酸素原子を還元して水が生成する。したがって，炭素源を $H_2O$, $CO_2$, $N_2$ にまで完全に分解するときに必要とされる電子の数（有効電子数）は，炭素源が持つエネルギー量を反映しており，菌体の生成効率を比較するための基準として使うことができる。1 電子当量は，経験的に 26.5 kcal のエネルギー変化（保有エネルギー量）に相当する。有効電子数を基準とした増殖収率を $Y_{AVE}$ で表すと

$$Y_{AVE} = \frac{Y_{X/S}}{炭素源1\,molに含まれる有効電子当量} \quad (3.12)$$

炭素源 1 mol に含まれる有効電子当量は炭素源中の原子について，一つの原子当り，C = +4, O = −2, H = +1, N = −3 として計算できる。例えば，グルコース（$C_6H_{12}O_6$）の有効電子当量 (ave) は，$6×(+4)+6×(−2)+12×(+1) = +24$ ave mol glucose$^{-1}$ となる。

---

### 問題 3.3　どちらが本当に有利？

酵母 *Candida utilis* をグルコースを単一炭素源として，最少培地で完全好気状態で増殖させたときの菌体収率は，91.8 g dry-cell mol glucose$^{-1}$ であった。一方，炭素源を酢酸に変えた場合の菌体収率は，21.0 g dry-cell mol acetate$^{-1}$ であった。どちらの炭素源が菌体生成に有利か考察せよ。

▶解答例◀

それぞれの炭素源について有効電子基準の増殖収率を求める。
グルコースの有効電子当量 = 24 ave mol glucose$^{-1}$ より

$$Y_{AVE,\,glucose} = \frac{91.8}{24} = 3.825\,\text{g dry-cell ave}^{-1}$$

一方，酢酸の有効電子当量 = $4×2+1×4+(−2)×2 = 8$ ave mol acetate$^{-1}$ より

$$Y_{AVE,\,acetate} = \frac{21.0}{8} = 2.625\,\text{g dry-cell ave}^{-1}$$

したがって，1 電子当量当りで生成される菌体量は，グルコースのほうが酢酸よりも多いので，炭素源としてはグルコースのほうが菌体生成に有利である。

このように，酢酸のほうがグルコースに比べ $Y_{AVE}$ が小さい理由としては，分子量が小さい酢酸では，より分子量の大きいグルコースを用いる場合より，生合成の段階で多くのエネルギー（電子）を必要とするためと考えられる．

**（2）異化を基準にした増殖収率**　異化の目的は，生体の増殖および維持に必要なエネルギーをおもにATPの形で得ることである．細胞内におけるATP生成は，グルコースなどの糖類が用いられる場合，おもに基質レベルのリン酸化および酸化的リン酸化により行われる．

基質レベルのリン酸化の一例として，グルコースが解糖系で異化され乳酸発酵したと考えると，化学的変化は

$$C_6H_{12}O_6 \rightarrow 2\,C_3H_5O_3^- + 2\,H^+ \quad \Delta G^{0'} = -198.3 \text{ kJ reaction}^{-1} \quad (3.13)$$

生化学的には以下の式でまとめられる．

$$C_6H_{12}O_6 + 2\,ADP + 2\,Pi \rightarrow 2\,C_3H_5O_3^- + 2\,H^+ + 2\,ATP + H_2O \quad (3.14)$$

ATPのADPへの加水分解における $\Delta G^{0'}$ は $-31.8$ kJ mol$^{-1}$ なので，式 (3.13) と式 (3.14) を比較して嫌気的乳酸発酵では $\{(31.8 \times 2\,\text{分子})/198.3\} \times 100 = 32$ %のエネルギーがATPとして蓄えられたことになる．別ないい方をすると，ATP生産に使われなかったエネルギーのほとんどは，熱として放出されたことになる．

複合培地において炭素源はすべて異化されるので，これが嫌気的に代謝され，最終生産物が細胞外に排出される場合，代謝熱の生成は次式で表される．

$$\Delta H_C = \Delta H_S \Delta S - \sum \Delta H_P \Delta P \quad (3.15)$$

ここで，$\Delta H_C$〔kJ L$^{-1}$〕：異化における培養液当りの遊離熱量，$\Delta H_S$〔kJ mol$^{-1}$〕，$\Delta H_P$〔kJ mol$^{-1}$〕：基質，生産物の燃焼熱，$\Delta S$〔g L$^{-1}$〕，$\Delta P$〔g L$^{-1}$〕：基質，生産物の濃度変化である．遊離エネルギー $\Delta H_C$ の一部はエネルギー源として菌体生成に用いられるので，これを基準として菌体収率を比較することも有益である．異化基準の増殖収率 $Y_{X/C}$〔g dry-cell kJ$^{-1}$〕は次式で定義される．

$$Y_{X/C} = \frac{\Delta X}{\Delta H_C} = \frac{\Delta X}{\Delta H_S \Delta S - \sum H_P \Delta P} = \frac{Y_{X/S}}{\Delta H_S - \sum \Delta H_P Y_{P/S}} \quad (3.16)$$

また，$\Delta H_\mathrm{C}$ の大部分は発酵熱として細胞外に排出されるので，式 (3.15) を用いれば，嫌気発酵におけるおおまかな発酵熱を計算できる。

---

**問題 3.4　どれぐらい発熱する？**

複合培地，嫌気条件下で $18\,\mathrm{g\,L^{-1}}$ グルコースを単一炭素源として酵母 *Saccharomyces cerevisiae* を培養したところ，グルコースは全量消費され，菌体収率 $Y_\mathrm{X/S} = 9\,\mathrm{g\,dry\text{-}cell\ mol\ glucose^{-1}}$，生産物としてエタノールが $Y_\mathrm{P/S} = 2.0\,\mathrm{mol\,ethanol\ mol\ glucose^{-1}}$ 生産された。このときの発酵熱 $\Delta H_\mathrm{C}$ および異化基準の増殖収率 $Y_\mathrm{X/C}$ を求めよ。ここで，グルコースの燃焼熱 $\Delta H_\mathrm{S}$ は $2820\,\mathrm{kJ\,mol^{-1}}$，エタノールの燃焼熱 $\Delta H_\mathrm{P}$ は $1370\,\mathrm{kJ\,mol^{-1}}$ である。

▶**解答例**◀

複合培地なので，発酵熱は式 (3.15) より

$$\Delta H_\mathrm{C} = \Delta H_\mathrm{S} \Delta S - \sum \Delta H_\mathrm{P} \Delta P$$

$$= 2820 \times \frac{18-0}{180} - 1370 \times \frac{18 \times 2}{180}$$

$$= 8\,\mathrm{kJ\,L^{-1}}$$

異化基準の増殖収率 $Y_\mathrm{X/C}$ は式 (3.16) より

$$\sum \Delta H_\mathrm{P} Y_\mathrm{P/S} = 1370 \times 2 = 2740\,\mathrm{kJ\,mol\,glucose^{-1}}$$

$$Y_\mathrm{X/C} = \frac{Y_\mathrm{X/S}}{\Delta H_\mathrm{S} - \sum \Delta H_\mathrm{P} Y_\mathrm{P/S}}$$

$$= \frac{9\,\mathrm{g/mol}}{2820\,\mathrm{kJ/mol} - 2740\,\mathrm{kJ/mol}}$$

$$= \frac{9\,\mathrm{g/mol}}{80\,\mathrm{kJ/mol}}$$

$$= 0.11\,\mathrm{g\,dry\text{-}cell\,kJ^{-1}}$$

---

（3）**全有効エネルギー基準の増殖収率**　複合培地を用いた場合，アミノ酸などの培地中成分が菌体合成に利用され（同化），グルコースなどの炭素源は異化されエネルギー源として使われる。異化基準の増殖収率では，複合培地

中の同化に用いられた成分消費を考慮していない。しかし，培地組成は生産コストおよび目的生産物の生成コストに大きな影響を与えるので，増殖のため培地から利用された成分消費量も考慮した増殖収率も重要である。ただし，複合培地組成は非常に複雑であり，培養前後において成分分析によりそれぞれの消費量を測定することは困難である。そこで，培地中の成分から菌体が構成されていることに着目して，菌体成分として蓄積されたエネルギーと異化で遊離したエネルギーの和を増殖の全有効エネルギー（$\Delta H_\mathrm{T}$）として定義する（図 3.2）。

$$\Delta H_\mathrm{T} = \Delta H_\mathrm{a} \Delta X + \Delta H_\mathrm{C} \tag{3.17}$$

ここで，$\Delta H_\mathrm{a}$：菌体の燃焼熱（通常は約 20 kJ g dry-cell$^{-1}$）である。

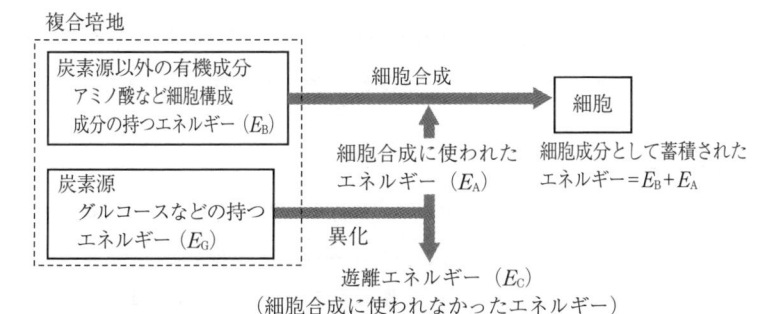

複合培地
炭素源以外の有機成分 アミノ酸など細胞構成成分の持つエネルギー（$E_\mathrm{B}$）
炭素源 グルコースなどの持つエネルギー（$E_\mathrm{G}$）
細胞合成
細胞合成に使われたエネルギー（$E_\mathrm{A}$）
異化
遊離エネルギー（$E_\mathrm{C}$）
（細胞合成に使われなかったエネルギー）
細胞
細胞成分として蓄積されたエネルギー＝$E_\mathrm{B}+E_\mathrm{A}$

増殖の全有効エネルギー ＝ $E_\mathrm{B} + E_\mathrm{G} = (E_\mathrm{B} + E_\mathrm{A}) + E_\mathrm{C}$
　　　　　　　　　　　＝（細胞成分として蓄積されたエネルギー）+（遊離エネルギー）

**図 3.2** 増殖の全有効エネルギーの考え方

この全有効エネルギーを基準として増殖収率 $Y_\mathrm{kcal}$ を定義する。

$$Y_\mathrm{kcal} = \frac{\Delta X}{\Delta H_\mathrm{T}} = \frac{\Delta X}{\Delta H_\mathrm{a} \Delta X + \Delta H_\mathrm{C}} = \frac{Y_\mathrm{X/S}}{\Delta H_\mathrm{a} Y_\mathrm{X/S} + \Delta H_\mathrm{S} - \sum \Delta H_\mathrm{P} Y_\mathrm{P/S}} \tag{3.18}$$

また，好気培養においては酸素を基準にした増殖収率 $Y_\mathrm{X/O}$ が，異化に対する増殖収率を表すことが知られており，代謝熱 $\Delta H_\mathrm{C}$ に対して次式が経験的に成り立つ。

$$\Delta H_\mathrm{C} = \Delta H_\mathrm{O} \Delta O_2 \tag{3.19}$$

ここで，$\Delta H_\mathrm{O}$：酸素基準の代謝熱（460〜500 kJ mol-O$_2^{-1}$）である。

したがって，酸素消費を基準にしても $Y_{\text{kcal}}$ を計算できる．

$$Y_{\text{kcal}} = \frac{\Delta X}{\Delta H_{\text{T}}} = \frac{\Delta X}{\Delta H_{\text{a}} \Delta X + \Delta H_{\text{O}} \Delta O_2} = \frac{1}{\Delta H_{\text{a}} + \Delta H_{\text{O}} Y_{\text{X/O}}} \tag{3.20}$$

式 (3.20) は複合・最少培地において近似的に成立する．

### 問題 3.5　発酵熱を算出してみよう

20 g L$^{-1}$ グルコースを唯一の炭素源として，複合培地にて酵母 *Saccharomyces cerevisiae* を好気的に培養したところ，下記の量論式が得られた．

$$C_6H_{12}O_6 + 1.89\,O_2 \rightarrow 0.9\,C_{3.92}H_{6.5}O_{1.94} + 2.48\,CO_2 + 3.08\,H_2O$$

このときの消費グルコース当りの乾燥菌体収率は，$Y_{\text{X/S}} = 90$ g dry-cell mol glucose$^{-1}$ であった．1 g の乾燥菌体の燃焼熱を 15.2 kJ g dry-cell$^{-1}$，グルコースの燃焼熱を 2820 kJ mol glucose$^{-1}$ として発酵熱を求めよ．

〔出典：合葉修一，バイオテクノロジー Q & A, p.133, 科学技術社 (1990)〕

#### ▶解答例◀

グルコースの異化で生じるエネルギーのうち，菌体成分自体に保持されるエネルギー（燃焼熱）や菌体合成上必要なエネルギー以外は反応熱となり，系外に放出される（発酵熱）．式 (3.17) を変形することで，発酵熱 $\Delta H_{\text{C}}$ は以下のように計算できる．

$$\Delta H_{\text{C}} = \Delta H_{\text{T}} - \Delta H_{\text{a}} \Delta X$$

いま，培地成分には，エネルギー源として利用できるものはグルコース以外はほとんどない．すなわち，培地成分由来の反応熱がグルコース酸化に伴う反応熱（$\Delta H_{\text{S}}$）と比較して無視できるほど小さいと仮定すると，20 g L$^{-1}$ のグルコースを完全消費して得られる反応熱 $\Delta H_{\text{T}}$ は，$\Delta H_{\text{S}}$ と等しいと仮定でき

$$\Delta H_{\text{T}} = \Delta H_{\text{S}} = 2820 \text{ kJ mol}^{-1} \times \frac{20}{180} \text{ mol L}^{-1}$$

$$= 313 \text{ kJ L}^{-1}$$

20 g L$^{-1}$ グルコースから生成する菌体量 $\Delta X$ は，菌体収率から

$$\Delta X = Y_{\text{X/S}} \times \Delta S = 90 \text{ g mol}^{-1} \times \frac{20}{180} \text{ mol L}^{-1}$$

$$= 10 \text{ g dry-cell L}^{-1}$$

菌体の燃焼熱は

$\Delta H_a \Delta X = 15.2 \times 10 = 152 \text{ kJ L}^{-1}$

よって

$\Delta H_C = \Delta H_T - \Delta H_a \Delta X$

$= 313 - 152 = 161 \text{ kJ L}^{-1}$

ここで，消費グルコース量がほぼ同じ問題 3.4 での嫌気発酵にてエタノールを生産した場合と比較して，好気条件での発酵熱は 20 倍にもなることに注目すべきである．好気培養は嫌気培養と比較して発酵熱が大きいので，発酵槽を設計する際には，冷却性能も十分考慮する必要がある．

**（4） 収率（生成 ATP 基準）** これまでに述べてきた種々の増殖収率は，培養中に培地成分，乾燥菌体量を測定することによって計算可能である．すなわち，細胞を破砕して中身を測定しなくても，外部から測定可能な値を用いて計算できるため培養状態の推定には好都合である．しかし，実際に生体の増殖および維持に直接かかわるエネルギーは細胞内 ATP が担っていることから，種々の炭素源から生成する ATP 量を基準にして増殖収率（$Y_{\text{ATP}}$）を求めることは重要である．

$Y_{\text{ATP}}$ は次式で定義される．

$$Y_{\text{ATP}} = \frac{\Delta X}{\Delta ATP} \tag{3.21}$$

$Y_{\text{ATP}}$ を推定するためには当然，消費炭素源当りの ATP 生成量を知る必要がある．しかし，ATP は細胞内に通常，一定量しか存在しない．これは，ATP がきわめて短時間に生化学反応などにより利用され ADP になり，すぐにまた ATP に再生されるというリサイクルを繰り返しているためであり，生成された ATP 量を直接測定することは不可能に近い．そこで，異化経路における ATP 生成量がすでにわかっているものとして計算する．

例えば，乳酸菌によりグルコースが嫌気的に異化され，乳酸のみが生成したとすると，ATP は前述の式 (3.14) に従って生成する．

$\text{C}_6\text{H}_{12}\text{O}_6 + 2 \text{ADP} + 2 \text{Pi} \rightarrow 2 \text{C}_3\text{H}_5\text{O}_3^- + 2 \text{H}^+ + 2 \text{ATP} + \text{H}_2\text{O}$ (3.14)

式 (3.14) から乳酸生成量を測定することにより，間接的に ATP の生成量を知ることができる．同時に，菌体の増殖量を測定すれば $Y_{ATP}$ を計算できる．

多くの微生物で $Y_{ATP}$ が推算されているが，菌体合成に必要な成分を十分に含む複合培地を用いて嫌気条件下で培養したとき，微生物の種類，エネルギー源の種類にかかわらず，$Y_{ATP}$ はほぼ 10 g dry-cell mol ATP$^{-1}$ を示す．これは，細胞増殖における律速段階が ATP 生成にあり，生成 ATP のほとんどが菌体増殖に用いられているためと考えられる．このような増殖をエネルギー共役型増殖と呼ぶ．

一方，好気培養においては，$Y_{ATP}$ を推算するためには酸化的リン酸化による ATP 生成を推算しなければいけないが，残念ながらそれを定量的に把握することは難しい．そこで，先に述べた**エネルギー共役型増殖**における $Y_{ATP}$ が，微生物の種類にかかわらず普遍的に 10 g dry-cell mol ATP$^{-1}$ であると仮定して，酸化的リン酸化における ATP 生成量を推定することも行われている．

**問題 3.6　ATP を基準とすれば？**

微生物 M 株を最少培地，単一炭素源としてグルコースを用いて培養すると，異化代謝では解糖系でピルビン酸まで代謝したのち，酢酸，乳酸，エタノール，ギ酸を以下の量論式に従い生成した．

$C_6H_{12}O_6$ → 0.3 $CH_3COOH$ + 0.3 $CH_3CH_2OH$ + 1.4 $CH_3CH(OH)COOH$
　　　　　 + 0.6 $HCOOH$

このとき，$Y_{X/S}$ は 20.6 g dry-cell mol glucose$^{-1}$，$a_2$=0.45 g carbon g dry-cell$^{-1}$ であった．本菌の ATP 生成は，解糖系で 2 mol ATP mol glucose$^{-1}$，さらに酢酸生成に伴って 1 mol ATP mol acetate$^{-1}$ である．また，同化に利用されたグルコースは ATP 生成に関与しないとする．本培養での $Y_{ATP}$ を計算せよ．

▶解答例◀

この培養は最少培地で行われたので，グルコースの一部は菌体合成に用いられる．したがって，まず，異化に用いられたグルコースの割合（分率）を算出

異化に用いられたグルコースの分率は式 (3.10) を用いて

$$\frac{\Delta S_C}{\Delta S} = 1 - \frac{\alpha_2}{\alpha_1} Y_{X/S}$$
$$= 1 - \frac{0.45 \times 20.6}{72} = 0.87$$

次に，1 mol のグルコース消費のうち，異化に用いられた 0.87 mol のグルコースからの ATP 生成を考える．本菌の ATP 生成過程は 1) 解糖系，および 2) 酢酸生成の二つであり，ATP 生成量は以下のとおりである．

1) 解糖系での ATP 生成量 = $0.87 \times 2 = 1.74$ mol ATP　mol glucose$^{-1}$
2) 酢酸生成による ATP 生成量 = $0.3 \times 1 = 0.3$ mol ATP　mol glucose$^{-1}$

よって，本培養系における 1 mol のグルコース消費に伴う ATP 生成量 ($\Delta ATP$) は

$$\Delta ATP = 1.74 + 0.3 = 2.04 \text{ mol ATP　mol glucose}^{-1}$$

となる．また，1 mol のグルコースを消費して得られる菌体量 ($\Delta X$) は，$Y_{X/S}$ より，20.6 g dry-cell と算出できる．
したがって

$$Y_{ATP} = \frac{\Delta X}{\Delta ATP} = \frac{20.6}{2.04} = 10.1 \text{ g dry-cell　mol ATP}^{-1}$$

## 3.2　酵素反応における反応速度論

### 3.2.1　酵素反応の速度

酵素反応の速度論に関しては，**ミカエリス・メンテン**（Michaelis-Menten）**の速度式**が提唱されており，酵素と基質の親和性を表すミカエリス定数（$K_m$）と最大速度定数（$v_{max}$）を求める解析方法がすでに確立されている．さらには，酵素阻害剤による阻害機構を組み込んだ速度論解析手法も確立されている．ミカエリス・メンテンの速度式の導出法としては，以下に示す迅速平衡法と定常状態法の2種類の方法がある．本節では，簡単な酵素反応速度論に関して解説を行い，その計算手法を習得することを目的とする．

### 3.2.2 迅速平衡法によるミカエリス・メンテンの式の導出

酵素(以下E)が基質(以下S)と結合して酵素基質複合体(以下ES)を形成,ESがEとSに戻るか反応生成物(以下P)を生成する一連の反応機構を以下のように仮定する。

$$E + S \rightleftarrows ES \rightarrow E + P \tag{3.22}$$

この反応は,$E + S \rightleftarrows ES$ と $ES \rightarrow E + P$ の二つの反応過程から成り立っている。前者の反応について右向きの速度定数を $k_{+1}$,左向きの速度定数を $k_{-1}$ とする。後者の反応を律速段階と仮定し,その反応速度定数を $k_{+2}$ と設定する。

迅速平衡法によるミカエリス・メンテンの式の導出では,反応開始後,前者の反応はすみやかに平衡に達すると仮定する。このとき,解離定数 $K_S$ は次式で表される。

$$K_S = \frac{k_{-1}}{k_{+1}} = \frac{E \cdot S}{ES} \tag{3.23}$$

ここで,$E$, $S$, $ES$ は,それぞれ基質Sと結合していない酵素Eの濃度,基質Sの濃度,基質Sと結合した酵素ESの濃度である。仮定されている反応機構に基づくと,この酵素反応において存在する酵素としては,基質と結合していない酵素Eと,基質Sと結合した酵素ESの2種類しか存在しない。したがって全酵素濃度(系に添加した酵素量)$E_0$ は,$E$ および $ES$ の和となる。

$$E_0 = E + ES \tag{3.24}$$

式(3.23),(3.24)から $E$ を消去すると,$ES$ は次式で表せる。

$$ES = \frac{E_0 \cdot S}{K_S + S} \tag{3.25}$$

最初に仮定した反応機構では,反応生成物の濃度 $P$ の変化速度(酵素反応速度 $v$)は,酵素基質複合体の濃度 $ES$ と速度定数 $k_{+2}$ の積で与えられる。

$$v = \frac{dP}{dt} = k_{+2} \cdot ES \tag{3.26}$$

式(3.26)に対して式(3.25)を代入すると,以下の式が得られる。

$$v = \frac{k_{+2} \cdot E_0 \cdot S}{K_S + S} \tag{3.27}$$

式 (3.26) から酵素反応速度 $v$ は $ES$ に比例する，すなわち $ES$ が大きくなればなるほど酵素反応速度は大きくなる．では，$ES$ の最大値はあるのであろうか．式 (3.24) に基づくと，$ES$ の最大値は $E_0$，すなわち最初に投入した酵素濃度になる．したがって，反応速度 $v$ の最大値 $v_{max}$ は $k_{+2} \cdot E_0$ となる．

$$v_{max} = k_{+2} \cdot E_0 \tag{3.28}$$

式 (3.27) に対して式 (3.28) を代入すると，以下，ミカエリス・メンテンの速度式が導出される．

$$v = \frac{v_{max} \cdot S}{K_S + S} \tag{3.29}$$

なお反応機構として，E + S $\rightleftarrows$ ES が迅速に平衡に達すると仮定されているため，この式では ES → E + P の速度定数が E + S $\rightleftarrows$ ES の速度定数よりもはるかに小さい反応にしか成り立たない．しかし，次の定常状態法による導出によって，一般の反応でも同様の式が成り立つことが証明された．

### 3.2.3 定常状態法によるミカエリス・メンテンの式の導出

反応機構は 3.2.2 項の迅速平衡法の場合と同様であり，式 (3.22) が成り立っているとする．式 (3.22) において，$ES$ の変化速度は以下の微分方程式で表せる．

$$\frac{dES}{dt} = k_{+1} \cdot E \cdot S - (k_{-1} + k_{+2}) \cdot ES \tag{3.30}$$

定常状態法によるミカエリス・メンテンの式の導出では，反応開始後，すみやかに反応が定常状態に達すると仮定する．すなわち，式 (3.30) において $ES$ の変化速度はゼロとなることから，次式が得られる．

$$k_{+1} \cdot E \cdot S - (k_{-1} + k_{+2}) \cdot ES = 0 \tag{3.31}$$

式 (3.31)，(3.24) から $E$ を消去すると，$ES$ は次式で表せる．

$$ES = \frac{k_{+1} \cdot E_0 \cdot S}{k_{-1} + k_{+2} + k_{+1} \cdot S} \tag{3.32}$$

式 (3.26) に対して式 (3.32) を代入すると，以下の式が得られる．

$$v = \frac{k_{+2} \cdot k_{+1} \cdot E_0 \cdot S}{k_{-1} + k_{+2} + k_{+1} \cdot S} = \frac{k_{+2} \cdot E_0 \cdot S}{(k_{-1} + k_{+2}/k_{+1}) + S} \tag{3.33}$$

式 (3.33) に対して式 (3.28) を代入すると，以下，ミカエリス・メンテンの速度式が導出される．ただし，$K_m = (k_{-1} + k_{+2})/k_{+1}$ とした．

$$v = \frac{v_{max} \cdot S}{K_m + S} \tag{3.34}$$

ミカエリス・メンテンの式から求めた値で，反応速度と基質濃度のグラフをつくると図 3.3 のようになる．

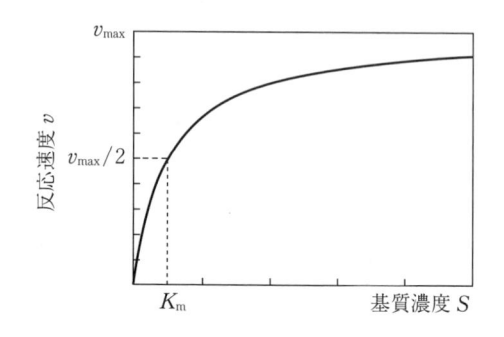

**図 3.3** $S$ と $v$ の関係

---

**問題 3.7 酵素反応速度論**

大腸菌由来の $\beta$-glactosidase（$\beta$ ガラクトシダーゼ；比活性 20.0 unit/mg $_{protein}$）を粉末酵素として入手した．この酵素 1 unit を緩衝液 1 mL に溶かし，ラクトース（lactose，乳糖）を基質とした酵素反応を行う．この酵素反応はラクトースの加水分解反応であり，グルコース（glucose，目的生成物）とガラクトピラノース（galactopyranose）が生成する．また，その酵素反応速度はミカエリス・メンテンの式に従うとする．次の問に答えよ．

（1）反応 10 分後に反応器内に生成したグルコースの量はどれだけか．ただし，ラクトースは十分量存在するとする．

（2）この反応溶液の $v_{max}$〔mM/min〕はいくらになるか．

（3）反応溶液中の酵素タンパク質の量を求めよ．

（4）ラクトース濃度を 1 mM にして酵素反応を行ったところ，（1）の

ときに比べて生成グルコース濃度が 60 % に減じた。この酵素の $K_m$ 〔mM〕はいくらか。

（5） 大腸菌を培養し，1 g 湿重量の菌体を得た。これをホモジナイザーで破壊し，十分量のラクトースを加えて，反応全容積 1 mL で酵素反応させたところ，10 分後に生成グルコースが 3.2 mM 生じた。この大腸菌の β ガラクトシダーゼ生産量を〔unit/g 湿重量〕および〔mg protein/g 湿重量〕で求めよ。

▶解答例◀

（1） 酵素 1 unit とは，毎分 1 μmol の基質を変化させることができる酵素量と定義されている。題意より，基質 1 mol から生産物 1 mol が生成する。よって，10 分後に生成したグルコースは 10 μmol となる。

（2） 酵素 1 unit が 1 mL に溶解していることから，基質濃度の変化速度は $1\ \mu\text{mol}/\text{mL}^{-1}\ \text{min}^{-1} = 1\ \text{m}^{-1}\ \text{M}\ \text{min}^{-1}$ である。すなわち，この値がこの酵素溶液の示しうる酵素反応速度の最大値であるから，$v_{max} = 1\ \text{mM}\ \text{min}^{-1}$ である。

（3） 題意より，$20.0\ \text{unit mg protein}^{-1} \times$ 酵素濃度 $\text{mg protein mL} = 1\ \text{unit mL}^{-1}$ が成り立つ。よって酵素濃度は $0.05\ \text{mg mL}^{-1}$ となる。いま，反応液量は 1 mL であるから，反応溶液中の酵素タンパク質の量は 0.05 mg となる。

（4） 題意より，ミカエリス・メンテンの式に対して，$v = 0.6\ v_{max}\ \text{mM min}^{-1}$，$S = 1\ \text{mM}$ を代入すると，$K_m = 0.66\ \text{mM}$ が得られる。

（5） 生成物濃度の変化速度は $3.2\ \text{mM}/10\ \text{min} = 0.32\ \text{mM min}^{-1}$。この値は，基質濃度の変化速度と等しい。よって，$0.32\ \text{mM lactose}/\text{min} = 0.32\ \mu\text{mol lactose}/\text{mL}^{-1}\ \text{min}^{-1} = 0.32\ \text{unit mL}^{-1}$ となる。いま，反応液量は 1 mL であるから，反応溶液中の酵素の量は 0.32 unit となる。この酵素量が 1 g 湿重量の大腸菌由来であるから，この大腸菌の β ガラクトシダーゼ生産量は 0.32 unit/g 湿重量となる。

また，本酵素の比活性は $20.0\ \text{unit}/\text{mg}_{protein}$ であることから，算出した生産量は，$0.016\ \text{mg}_{protein}/\text{g}$ 湿重量と変換することができる。

## 3. バイオリアクションにおける量論・速度論

**問題 3.8 ミカエリス・メンテンの式における速度論的パラメータの算出**

（1） 種々の基質濃度における酵素反応を行った結果，その初速度が**表 3.2** のように得られた。**ラインウィーバー‐バーク**（Lineweaver-Burk）**プロット**を用いてミカエリス・メンテンの式の速度論的パラメータ $K_m$ と $v_{max}$ を求めよ。

表 3.2　$S$ と $v$ の関係

| $S$ 〔kmol/m$^3$〕 | $v$ 〔kmol/(m$^3$ min)〕 |
|---|---|
| 0.0035 | 0.110 |
| 0.0050 | 0.140 |
| 0.0060 | 0.150 |
| 0.0080 | 0.166 |
| 0.0095 | 0.200 |

（2） 上記の実験系に，この酵素反応を阻害する阻害物質 A もしくは B を終濃度 $1.45 \times 10^{-7}$ kmol/m$^3$ で添加した実験を行ったところ，**表 3.3** のようなデータを得た。阻害物質 A と B を入れたときの阻害の型を判定し，阻害定数の値を求めよ。

表 3.3　$S$ と $v$ の関係

| $S$ 〔kmol/m$^3$〕 | $v$ 〔kmol/(m$^3$ min)〕 | |
| | 阻害物質 A 添加時 | 阻害物質 B 添加時 |
|---|---|---|
| 0.0035 | 0.060 | 0.0459 |
| 0.0050 | 0.070 | 0.0581 |
| 0.0060 | 0.090 | 0.0637 |
| 0.0080 | 0.110 | 0.0741 |
| 0.0095 | 0.125 | 0.0769 |

▶**解答例**◀

（1） ラインウィーバー‐バークプロットとは，ミカエリス・メンテンの式に従う飽和型の実験データから，線形回帰分析によって $K_m$ と $v_{max}$ を求めるための方法の一つである。具体的には，まず，ミカエリス・メンテンの式の逆数をとり，次式を得る。

## 3.2 酵素反応における反応速度論

$$\frac{1}{v} = \left(\frac{K_\mathrm{m}}{v_\mathrm{max}}\right)\frac{1}{S} + \left(\frac{1}{v_\mathrm{max}}\right) \tag{3.35}$$

ここで,表3.2の実験データから$1/S$および$1/v$を算出し(**表3.4**),$x$軸および$y$軸にそれぞれプロットした(**図3.4**の〇印)。このデータに対して,線形回帰分析を行った(図3.4)。ここで,式(3.35)より得られた直線の傾きおよび$y$軸切片の値がそれぞれ$K_\mathrm{m}/v_\mathrm{max}$と$1/v_\mathrm{max}$となる。すなわち図3.4より$K_\mathrm{m}/v_\mathrm{max} = 0.0211$ min,$1/v_\mathrm{max} = 3.07$ m$^3$ min/kmol となる。これより,$K_\mathrm{m} = 0.00688$ kmol/m$^3$,$v_\mathrm{max} = 0.326$ kmol/(m$^3$ min) が得られる。

**表3.4** $1/S$と$1/v$の関係

| $S$ [kmol/m$^3$] | $v$ [kmol/(m$^3$ min)] | $1/S$ [m$^3$/kmol] | $1/v$ [m$^3$ min/kmol] |
|---|---|---|---|
| 0.0035 | 0.110 | 286 | 9.09 |
| 0.0050 | 0.140 | 200 | 7.14 |
| 0.0060 | 0.150 | 167 | 6.67 |
| 0.0080 | 0.166 | 125 | 6.02 |
| 0.0095 | 0.200 | 105 | 5.00 |

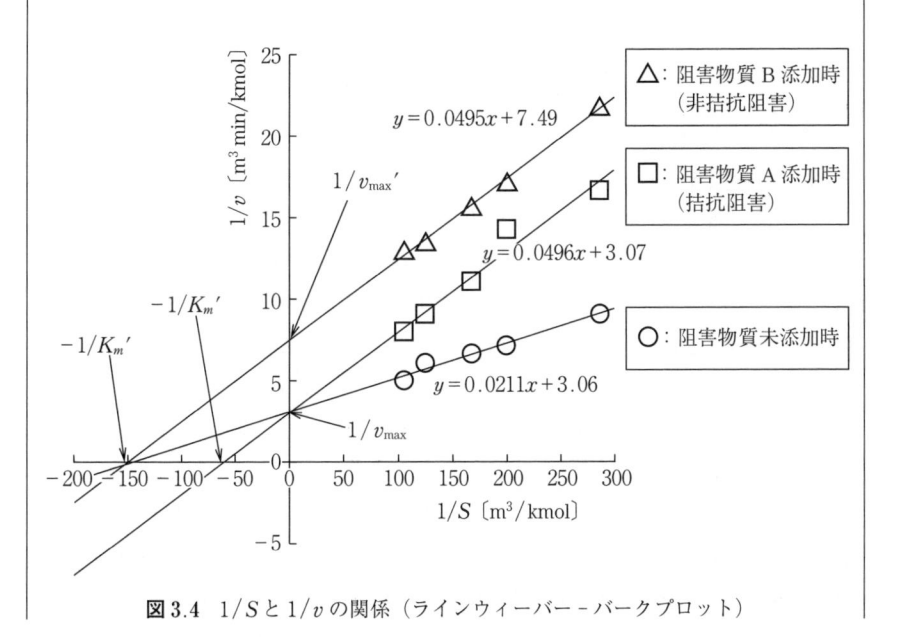

**図3.4** $1/S$と$1/v$の関係(ラインウィーバー-バークプロット)

（2）拮抗阻害型のミカエリス・メンテンの式は次式で表せる（本式の導出の詳細は成書を参照されたい）。

$$v = \frac{v_{\max} S}{K_{\mathrm{m}}\left(1 + \dfrac{I}{K_{\mathrm{EI}}}\right) + S} \tag{3.36}$$

ここで，ラインウィーバー－バークプロットを行うにあたり，式 (3.36) の逆数をとると，次式が得られる。

$$\frac{1}{v} = \left(1 + \frac{I}{K_{\mathrm{EI}}}\right)\left(\frac{K_{\mathrm{m}}}{v_{\max}}\right)\frac{1}{S} + \frac{1}{v_{\max}} \tag{3.37}$$

式 (3.37) は，阻害剤未添加の場合の式 (3.35) と比較すると，$y$ 軸切片は $1/v_{\max}$ で等しく，傾きは $K_{\mathrm{m}}/v_{\max}$ より大きくなることがわかる。

一方，非拮抗阻害型のミカエリス・メンテンの式は次式で表せる（本式の導出の詳細は成書を参照されたい）。

$$v = \frac{\left(\dfrac{v_{\max}}{1 + \dfrac{I}{K_{\mathrm{EI}}}}\right) S}{K_{\mathrm{m}} + S} \tag{3.38}$$

ここで，ラインウィーバー－バークプロットを行うにあたり，式 (3.38) の逆数をとると，次式が得られる。

$$\frac{1}{v} = \left(1 + \frac{I}{K_{\mathrm{EI}}}\right)\left(\frac{K_{\mathrm{m}}}{v_{\max}}\right)\frac{1}{S} + \left(1 + \frac{I}{K_{\mathrm{EI}}}\right)\frac{1}{v_{\max}} \tag{3.39}$$

式 (3.39) は，阻害剤未添加の場合の式 (3.35) と比較すると，$x$ 軸切片は $-1/K_{\mathrm{m}}$ で等しく，傾きは $K_{\mathrm{m}}/v_{\max}$ より大きくなることがわかる。

ここで，表3.3の実験データの $1/S$ および $1/v$ を阻害物質 A および B 添加時に対して算出し（**表3.5**），$x$ 軸および $y$ 軸にそれぞれプロットした（図3.4の□印および△印）。このデータに対して線形回帰分析を行った（図3.4）。

阻害物質 A 添加時（図3.4の□印）においては，得られた直線は，阻害物質未添加時の回帰直線と $y$ 軸切片が等しく，その傾きはより大きかった（図3.4）。このことより，阻害物質 A 添加時における阻害形式は拮抗阻害であることがわかった。

ここで，式 (3.37) より，得られた回帰直線の傾きおよび $y$ 軸切片の値がそれぞれ，$(1+(I/K_{\mathrm{EI}}))(K_{\mathrm{m}}/v_{\max})$ と $1/v_{\max}$ となる。すなわち，図3.4より，$(1+(I/K_{\mathrm{EI}}))(K_{\mathrm{m}}/v_{\max}) = 0.0496$ min と $1/v_{\max} = 3.07$ m$^3$ min/kmol である。ここで，

表3.5 $1/S$ と $1/v$ の関係

| $S$ [kmol/m$^3$] | $v$ [kmol/(m$^3$ min)] | | $1/S$ [m$^3$/kmol] | $1/v$ [m$^3$ min/kmol] | |
|---|---|---|---|---|---|
| | 阻害物質A 添加時 | 阻害物質B 添加時 | | 阻害物質A 添加時 | 阻害物質B 添加時 |
| 0.0035 | 0.060 | 0.0459 | 285 | 16.66 | 21.8 |
| 0.0050 | 0.070 | 0.0581 | 200 | 14.28 | 17.2 |
| 0.0060 | 0.090 | 0.0637 | 166 | 11.11 | 15.7 |
| 0.0080 | 0.110 | 0.0741 | 125 | 9.09 | 13.5 |
| 0.0095 | 0.125 | 0.0769 | 105 | 8.00 | 13.0 |

阻害物質未添加時の実験で得られた $K_m/v_{max} = 0.0211$ min,そして阻害物Aの濃度 $I = 1.45 \times 10^{-7}$ kmol/m$^3$ を代入すると,阻害物質Aについての阻害定数 $K_{EI} = 1.08 \times 10^{-7}$ kmol/m$^3$ が得られる。

一方,阻害物質B添加時(図3.4の△印)においては,得られた直線は阻害物質未添加時の直線と $x$ 軸切片が等しく,その傾きはより大きい(図3.4)。このことより,阻害物質B添加時における阻害形式は非拮抗阻害であることがわかる。

ここで,式(3.39)より,得られた回帰直線の傾きおよび $y$ 軸切片の値がそれぞれ,$\left(1+\dfrac{I}{K_{EI}}\right)\left(\dfrac{K_m}{v_{max}}\right)$ と $\left(1+\dfrac{I}{K_{EI}}\right)\left(\dfrac{1}{v_{max}}\right)$ となる。すなわち,図3.4より $\left(1+\dfrac{I}{K_{EI}}\right)\left(\dfrac{K_m}{v_{max}}\right) = 0.0495$ min と $\left(1+\dfrac{I}{K_{EI}}\right)\left(\dfrac{1}{v_{max}}\right) = 7.49$ m$^3$ min/kmol である。ここで,阻害物質未添加時の実験で得られた $K_m/v_{max} = 0.0211$ min,そして阻害物質Bの濃度 $I = 1.45 \times 10^{-7}$ kmol/m$^3$ を代入すると,阻害物質Bについての阻害定数 $K_{EI} = 1.00 \times 10^{-7}$ kmol/m$^3$ が得られる。

---

**問題3.9 前定常状態における酵素反応速度論**

迅速な酵素反応の開始直後の様子が観察できるストップドフロー反応装置を用いて,酵素反応の定常状態に達する前の反応の様子(前定常状態)を観察するとき,次の問に答えよ。

(1) 酵素基質複合体の濃度 $ES$ の時間的変化を表す微分方程式を導け。

(2) 反応時間を $t$ として,$ES$ 複合体の経時変化を表す式を示せ。ただし,基質 $S$ は酵素 $E$ に比べ大過剰に存在し,前定常状態では

$S ≒ S_0$ とみなせるものとする。

（3）$S_0$, $k_{+1}$, $k_{-1}$, $k_2$ がそれぞれ 10 mM, $10^5$ M$^{-1}$s$^{-1}$, 100 s$^{-1}$, 10 s$^{-1}$ であるとき、$ES$ が定常状態の濃度の 90 % に達するまでの時間を求めよ。

▶解答例◀

（1）式 (3.22) において、$ES$ の変化速度は式 (3.30) に示したように、以下の微分方程式で表せる。

$$\frac{dES}{dt} = k_{+1} \cdot E \cdot S - (k_{-1} + k_{+2}) \cdot ES \tag{3.30}$$

（2）式 (3.30), (3.24) から $E$ を消去すると、$ES$ は次式で表せる（ただし、$S ≒ S_0$ とした）。

$$\frac{dES}{dt} = (k_{-1} + k_{+2} + k_{+1} \cdot S_0)\left(\frac{k_{+1} \cdot E_0 \cdot S_0}{k_{-1} + k_{+2} + k_{+1} \cdot S_0} - ES\right) \tag{3.40}$$

ここで

$$a = k_{-1} + k_{+2} + k_{+1} \cdot S_0, \quad b = \frac{k_{+1} \cdot E_0 \cdot S_0}{k_{-1} + k_{+2} + k_{+1} \cdot S_0}$$

とおくと

$$\frac{dES}{dt} = a(b - ES) \tag{3.41}$$

境界条件 $t=0$ において、$ES=0$, $t=t$, $ES=ES$ で積分すると

$$ES = b\{1 - \exp(-at)\} \tag{3.42}$$

よって

$$ES = \frac{k_{+1} \cdot E_0 \cdot S_0}{k_{-1} + k_{+2} + k_{+1} \cdot S_0}\left[1 - \exp\{-(k_{-1} + k_{+2} + k_{+1} \cdot S_0)t\}\right] \tag{3.43}$$

（3）式 (3.42) より、定常状態すなわち $t=\infty$ において $ES=b$ となる。よって題意より、$ES/b = 1 - e^{-at} = 0.9$ となる時間 $t$ を求めればよい。ここで、$a = 0.01 \times 10^5 + 100 + 10 = 1110$ となることから、$t = 0.0021$ s が得られる。

## 3.3 微生物における反応速度論

　微生物を用いて物質生産を行う場合，微生物細胞そのものを一つの触媒とみなすことができる。通常の化学触媒や生物触媒（酵素）との違いは，微生物は生物であるため，反応を触媒しながらそれ自身が増える点である。微生物を触媒とみなすことにより，原料である基質が微生物細胞内で代謝変換を受け，微生物細胞自身や製品である代謝産物を生成する系として取り扱うことができる。ここで反応速度の解析の対象になるのは，基質の消費速度，細胞の増殖速度，そして生産物の生成速度である。

　このような微生物における反応速度を定量的に扱うため，種々の生物反応を数式化した「速度式」が提案されている。速度式については，微生物集団は個々の細胞の年齢や大きさなどが不均一であるという「確率論的な取扱い」をする場合と，微生物集団を平均的で均一な集団とした「決定論的な取扱い」をする場合とがあるが，取扱いの容易さから後者が一般的である。また，細胞内の構造や代謝系を考慮した「構造モデル」とそれらを考慮しない「非構造モデル」とで速度式が分類されることもあるが，これも取扱いの容易さから後者が一般的である。

　ここでは，決定論的取扱いかつ非構造モデルの立場から，培養中における微生物反応の経時的な変化について定量的に取り扱う。

### 3.3.1 菌体の比増殖速度

単細胞の微生物を液体培地を用いて回分培養（培養途中で栄養分等を何も追加しない培養）した場合，誘導期，対数増殖期，静止期，死滅期を含む増殖曲線を描く（図3.5）。菌体の増殖速度 $r_X$ は，そのときの菌体濃度 $X$ に比例する（菌体の増殖は自己触媒的に起こる）と考えると次式で表せる。

$$r_X = \frac{dX}{dt} = \mu X \tag{3.44}$$

ここで比例定数 $\mu$ は，単位菌体量当り，単位時間当りの菌体量の増加であり，比増殖速度と呼ばれる。式 (3.44) を対数増殖期（$t = t_1 \sim t_2$）の間，比増殖速度 $\mu$ は一定として積分すると，次式が得られる。

$$\mu = \frac{\ln(X_2/X_1)}{t_2 - t_1} \tag{3.45}$$

菌体量が2倍になるのに要する時間を倍加時間と呼ぶが，比増殖速度 $\mu$ が決まると $t_D$ を求めることができる。式 (3.45) に対して，$X_2 = 2X_1$，$t_2 - t_1 = t_D$ を代入することで，倍加時間 $t_D$ と比増殖速度 $\mu$ との関係が次式で与えられる。

$$t_D = \frac{\ln 2}{\mu} \tag{3.46}$$

比増殖速度 $\mu$ は，温度や pH といった培養条件や培地組成などによって変化

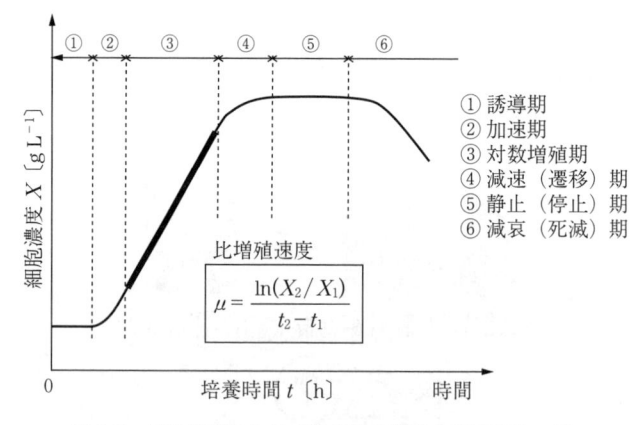

図3.5 回分培養における微生物の増殖の経時変化の例

する.培地中の成分のうち,ある成分 S 以外は十分に存在し,増殖はこの基質 S の濃度のみに依存する場合を考える.このとき,比増殖速度 $\mu$ は,この制限基質濃度 S の関数として,以下のような **Monod**(モノー)**の式**により表されることが多い.

$$\mu = \frac{\mu_{\max} S}{K_S + S} \tag{3.47}$$

$\mu_{\max}$ は基質 S が十分にあるときの比増殖速度であり,最大比増殖速度と呼ばれ,微生物はこれ以上の速さでは増殖しない.$K_S$ は飽和定数と呼ばれ,基質濃度 S がこの値と等しいとき,比増殖速度 $\mu$ は最大比増殖速度の半分の値となる.Monod の式は,ミカエリス・メンテン型の酵素反応速度式と同じ形である.しかし,ミカエリス・メンテンの式が明確な反応機構に基づいているのに対して,Monod の式は経験式であり,明確な反応機構に基づいていない点に注意されたい.

---

**問題 3.10 比増殖速度と倍加時間の算出**

25 mL の培地に大腸菌 $1 \times 10^6$ cells を植菌し,37 ℃ で回分培養を行った.誘導期は認められず,培養開始後 300 分で静止期に達し,そのときの菌体濃度は $1 \times 10^9$ cells mL$^{-1}$ であった.この 300 分の間,大腸菌は指数関数的に増殖したと考えられる.この大腸菌の比増殖速度 $\mu$ と倍加時間 $t_D$ を求めよ.

〔出典:E. A. ドーズ,生物物理化学 II―基礎と演習―,共立全書(1983),一部改変〕

**▶解答例◀**

対数増殖期の開始時刻 $t_1 = 0$ min,対数増殖期の終了時刻 $t_2 = 300$ min,対数増殖期開始時の菌体濃度 $X_1 = 1 \times 10^6$ cells / 25 mL $= 4 \times 10^4$ cells mL$^{-1}$,対数増殖期終了時の菌体濃度 $X_2 = 1 \times 10^9$ cells mL$^{-1}$ を,式 (3.45) に代入すると,比増殖速度 $\mu = 0.034$ min$^{-1} = 2.0$ h$^{-1}$ が得られる.また,倍加時間 $t_D$ は,式 (3.46) に $\mu = 0.034$ min$^{-1}$ を代入すると 20.5 min となる.

## 問題 3.11　Monod の式のパラメータの算出

エタノールを単一炭素源として，ある菌体の培養を行った。その結果，表 3.6 に示すような炭素源濃度 $S$ と比増殖速度 $\mu$ の関係を得た。菌体の増殖速度は Monod の式で表すことができるとして，この培養における最大比増殖速度 $\mu_{max}$ と飽和定数 $K_S$ を求めよ。

〔出典：川瀬義矩，生物反応工学の基礎，化学工業社 (1996)，一部改変〕

**表 3.6**　炭素源濃度と比増殖速度の関係

| $S$ 〔g/L〕 | $\mu$ 〔h$^{-1}$〕 |
|---|---|
| 0.014 | 0.080 |
| 0.020 | 0.093 |
| 0.038 | 0.115 |
| 0.071 | 0.133 |
| 0.10 | 0.155 |
| 0.18 | 0.169 |
| 0.33 | 0.175 |

▶解答例◀

式 (3.47) の逆数をとって整理すると

$$\frac{1}{\mu} = \frac{K_S}{\mu_{max}} \cdot \frac{1}{S} + \frac{1}{\mu_{max}} \tag{3.48}$$

と変形できる。一方，表 3.6 から $1/\mu$ と $1/S$ を計算し，$1/\mu$ を $1/S$ に対してプロットすると図 3.6 が得られる。図 3.6 のデータに対して，線形最小二乗法により得られる傾きと $y$ 切片より，$K_S/\mu_{max} = 0.10$ ならびに $1/\mu_{max} = 5.65$ が得られる。これらより最大比増殖速度 $\mu_{max} = 0.18 \text{ h}^{-1}$ ならびに飽和定数 $K_S = 0.018$ g/L が求まる。

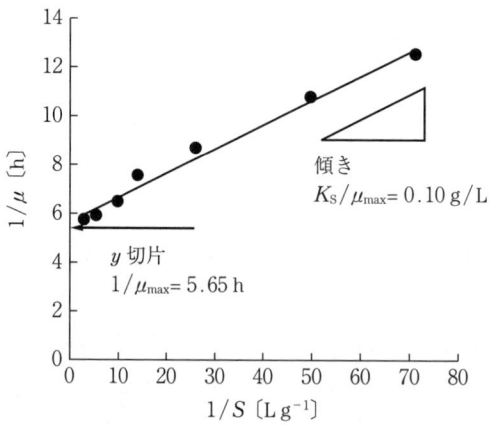

**図 3.6**　Monod の式についてのラインウィーバー–バークプロット

### 3.3.2 基質の比消費速度

菌体による基質消費速度 $r_S$ (<0) は,そのときの菌体濃度 $X$ に比例すると考えると,次式のように表せる.

$$-r_S = -\frac{dS}{dt} = \nu X \tag{3.49}$$

ここで,比例定数 $\nu$ は単位菌体量当り,単位時間当りの基質の消費であり,基質比消費速度〔g glucose/(g dry-cell h)〕と呼ばれる.また,基質基準の増殖収率 $Y_{X/S}$ は,その定義より基質消費量に対する菌体増殖量の比であるが(3.1節参照),単位時間当りの基質消費量と菌体増殖量で表現し直すと,次式のように表される.

$$Y_{X/S} = \frac{\Delta X}{\Delta S} = \frac{dX/dt}{-dS/dt} \tag{3.50}$$

よって,次式が得られる.

$$-\frac{dS}{dt} = \frac{1}{Y_{X/S}} \frac{dX}{dt} \tag{3.51}$$

式 (3.51) の両辺を菌体濃度 $X$ で割ると,基質比消費速度 $v$ と比増殖速度 $\mu$ との関係が,増殖収率 $Y_{X/S}$ を用いて次式のように表される.

$$v = \frac{1}{Y_{X/S}} \mu \tag{3.52}$$

複合培地(3.1.4項参照)を用いた培養では,基質 $S$ はエネルギー($ATP$)獲得のために完全酸化される(異化).得られたエネルギーは大きく,細胞増殖($\Delta X$)のためと増殖ではなくて生命活動を維持するための二つに利用される.この両者を区別して生体内での基質 $S$ の流れをある程度推定するために,基質消費速度を次のように2項に分けて記述する.

$$-\frac{dS}{dt} = \frac{-dS_X}{dt} + \frac{-dS_M}{dt} = \left(\frac{-dS_X}{dX}\right)\left(\frac{dX}{dt}\right) + \frac{-dS_M}{dt} \tag{3.53}$$

ここで,$S_X$ は細胞増殖のためのエネルギー生産に使用された基質濃度の変化,$S_M$ は増殖以外の生命活動維持のためのエネルギー生産に使用された基質濃度の変化,を表す.ここで,真の増殖収率 $Y_{X/S}^*$ を以下のように定義する.

$$Y_{X/S}{}^* = \frac{\Delta X}{-\Delta S_X} = \frac{\mathrm{d}X}{-\mathrm{d}S_X} \tag{3.54}$$

また，生命活動維持に使用されるエネルギーは，細胞が多ければ多いほどかかる．すなわち，細胞濃度に比例すると考えると以下のように表される．

$$-\frac{\mathrm{d}S_M}{\mathrm{d}t} = mX \tag{3.55}$$

ここで，比例定数 $m$ は単位菌体量当り，単位時間当りに生命活動維持に使用される基質の消費であり，維持定数〔g glucose g dry-cell$^{-1}$ h$^{-1}$〕と呼ばれる．よって，式 (3.54) および式 (3.55) を式 (3.53) に代入すると，基質消費速度は以下のように表される．

$$-\frac{\mathrm{d}S}{\mathrm{d}t} = \frac{1}{Y_{X/S}{}^*} \frac{\mathrm{d}X}{\mathrm{d}t} + mX \tag{3.56}$$

式 (3.56) の両辺を菌体濃度 $X$ で割ると，基質比消費速度 $v$ と比増殖速度 $\mu$ との関係が，真の増殖収率 $Y_{X/S}{}^*$ と維持定数 $m$ を用いて次式のように表される．

$$v = \frac{1}{Y_{X/S}{}^*}\mu + m \tag{3.57}$$

---

**問題 3.12　基質比消費速度と収率，維持定数の算出**

複合培地を用いて，ある微生物を回分培養し有機酸を生産した．倍加時間 $t_D$ は 45 分，回分培養全体を通したグルコースに対する増殖収率 $Y_{X/S}$ は 0.40 g dry-cell g glucose$^{-1}$ であった．以下の問に答えよ．

（1）基質比消費速度 $v$ を求めよ．

（2）菌体増殖の維持定数 $m$ が 0.05 g glucose g dry-cell$^{-1}$ h$^{-1}$ である場合，真の増殖収率 $Y_{X/S}{}^*$ を求めよ．

（3）微生物の培養において，真の増殖収率 $Y_{X/S}{}^*$ および維持定数 $m$ のいずれも未知の場合は，これらのパラメータをどのように算出するか図示して説明せよ．

## 3.3 微生物における反応速度論

▶解答例◀

(1) 式 (3.46) に対して，倍加時間 $t_D=45/60=0.75\,\mathrm{h}$ を代入し，$\mu=0.92\,\mathrm{h^{-1}}$ が得られる。そして，式 (3.52) に対して増殖収率 $Y_{X/S}=0.40\,\mathrm{g\,dry\text{-}cell\ g\,glucose^{-1}}$ および得られた $\mu=0.92\,\mathrm{h^{-1}}$ を代入して，$v=2.3\,\mathrm{g\,glucose\ g\,dry\text{-}cell^{-1}\,h^{-1}}$ が得られる。

(2) 式 (3.57) に対して，$v=2.3\,\mathrm{g\,glucose\ g\,dry\text{-}cell^{-1}\,h^{-1}}$，比増殖速度 $\mu=0.92\,\mathrm{h^{-1}}$ および維持定数 $m=0.05\,\mathrm{g\,glucose\ g\,dry\text{-}cell\,h^{-1}}$ を代入して，$Y_{X/S}{}^*=0.41\,\mathrm{g\,dry\text{-}cell\ g\,glucose^{-1}}$ が得られる。

(3) 図 3.7 のように，種々の条件で得られた基質比消費速度 $v$ と比増殖速度 $\mu$ との関係をプロットする。このデータに対して線形回帰分析を行う。ここで，式 (3.57) より，得られた直線の切片として維持定数 $m$ を，傾きの逆数として真の増殖収率 $Y_{X/S}{}^*$ を得ることができる。

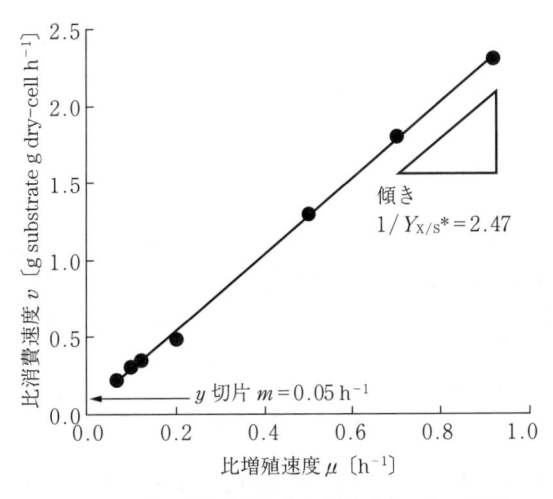

図 3.7 基質比消費速度 $v$ と比増殖速度 $\mu$ との関係

# 4 バイオリアクターの設計

## 4.1 酵素バイオリアクターの設計

### 4.1.1 酵素バイオリアクターの種類

　酵素を触媒としたバイオリアクターを基質溶液の添加方法で分類すると，回分操作，半回分操作，連続操作に大別される。回分操作では酵素と基質をリアクターにあらかじめ一度に仕込み，反応を開始させ，ある時間経過後，反応溶液全体を回収する（**図 4.1**）。

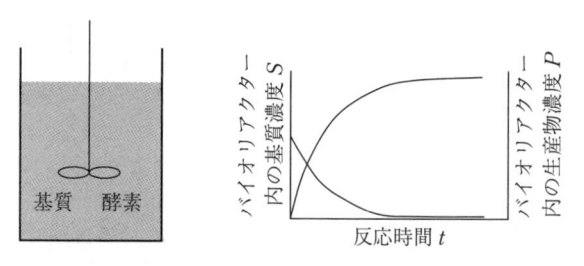

**図 4.1**　回分反応の概略とバイオリアクター内での基質と生産物の濃度変化

　半回分操作では，基質溶液を徐々に添加しながら反応を行い，ある時間経過後，反応溶液全体を回収する。連続操作では基質溶液を連続的に供給しながら，反応溶液も同時に抜き出す（**図 4.2**）。
　一方，酵素バイオリアクターを形状で分類すると，槽型と管型のバイオリアクターに大別される。槽型バイオリアクターでは反応が槽内で均一に進行し，管型バイオリアクターでは反応溶液が管内を流れるに従って反応が進行する。回分操作や半回分操作は，一般的に槽型バイオリアクターを用いる。連続操作

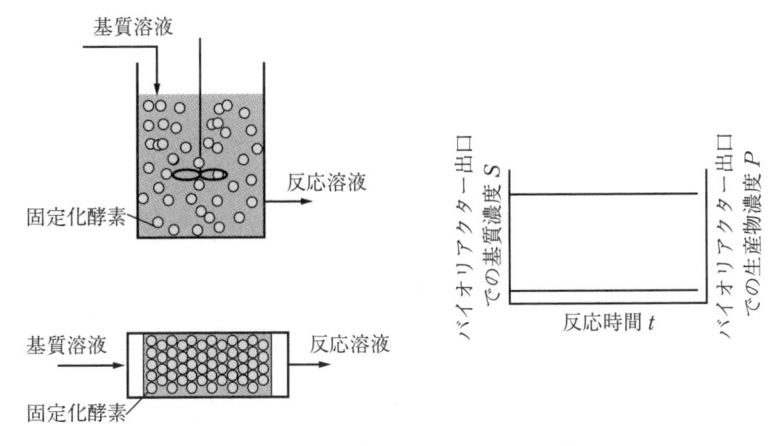

**図4.2** 連続反応の概略とバイオリアクター出口での
基質と生産物の濃度変化

では，槽型バイオリアクター，管型バイオリアクターともに用いられる。

連続操作の場合では，酵素は固定化しバイオリアクター外へ流出しないようにするのが一般的である。槽型バイオリアクターを用いた連続操作（図4.2）では，入り口から基質溶液を供給し，槽内で反応が均一に進行するとともに，出口から流入と同じ流量で槽内の溶液を取り出す。槽内の溶液は，理想的には撹拌などにより完全混合状態になっており，リアクター内部と流出する溶液の組成が同じとなる。このような槽型のバイオリアクターを **CSTR**（continuous stirred tank reactor）という。

一方，管型バイオリアクターを用いた連続操作（図4.2）では，入り口から基質溶液を供給し，溶液が管内を流れるに従って反応が進行し出口から生成物が流出する。管内を流れる溶液は，理想的にはピストンのように押し出し流れ（plug flow）になっており，流れ方向では各成分の濃度は均一ではない。このような管型のバイオリアクターを **PFR**（plug flow reactor）と呼ぶ。

### 4.1.2 酵素バイオリアクターの設計方程式

バイオリアクターの設計とは，バイオリアクターの体積，基質溶液の流入や反応液の流出の速度，そして反応時間を設定することにある。これらを設定す

るために必要なバイオリアクターの設計方程式は，反応にかかわる物質の物質収支や反応速度を適切に表現することにより得られる．一般に，バイオリアクターにおける物質収支は，いくつかの着目したい成分ごとに，ある一定に区切った範囲において収支をとる．すなわち，物質収支をとりたい成分それぞれ（ここでは着目成分と呼ぶ）について，収支をとりたい一定の体積ごと（これを体積要素と呼ぶ）に，次式のように表される．

$$\begin{pmatrix} 体積要素での \\ 着目成分の \\ 変化速度 \end{pmatrix} = \begin{pmatrix} 体積要素への \\ 着目成分の \\ 流入速度 \end{pmatrix} - \begin{pmatrix} 体積要素からの \\ 着目成分の \\ 流出速度 \end{pmatrix} + \begin{pmatrix} 体積要素での \\ 着目成分の \\ 生産(消費)速度 \end{pmatrix} \quad (4.1)$$

なお，最後の項は着目成分が消費される場合には負の値となる．

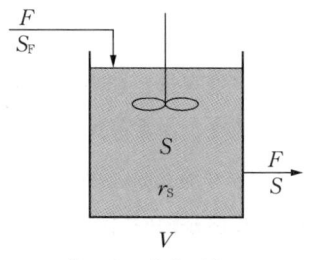

着目する体積要素：$V$
（槽型バイオリアクター全体）

図 4.3　槽型バイオリアクターを用いた連続操作における物質収支

例えば，図 4.3 に示す槽型バイオリアクターを用いた連続操作において，基質成分 $S$ についての物質収支は次式のようになる．なお，ここでは体積要素としてはバイオリアクター全体を考えている．

$$\frac{\mathrm{d}(SV)}{\mathrm{d}t} = FS_\mathrm{F} - FS - r_\mathrm{S} V \quad [\mathrm{mol\ h^{-1}}] \quad (4.2)$$

ここで，$V$ はバイオリアクターの体積，$F$ は流量，$S_\mathrm{F}$ は供給液内の基質濃度である．右辺第 3 項は基質の消費速度 $[\mathrm{mol\ h^{-1}}]$ に相当し，負の値となる（$r_\mathrm{S} > 0$）．

ここで，1 分子の基質 S から 1 分子の生産物 P が生成する酵素反応速度 $v$（この場合は $r_\mathrm{S}$ と等しくなる）については，ミカエリス・メンテン型の反応速度式

$$v = \frac{v_{\max} S}{K_{\mathrm{m}} + S} \tag{4.3}$$

や,基質阻害を伴う場合には,ミカエリス・メンテン型の反応速度式(基質Sが阻害物質Iとなる不拮抗阻害型の反応速度式)

$$v = \frac{v_{\max} S}{K_{\mathrm{m}} + S + \dfrac{S^2}{K_{\mathrm{i}}}} \tag{4.4}$$

などが提唱されている。

なお,1分子の基質から $n$ 分子の生産物が生成する酵素反応($S \to nP$)の場合,基質の消費速度 $r_{\mathrm{S}}$ と生産物生成速度 $r_{\mathrm{P}}$ (すなわち,酵素反応速度 $v$)との関係は,次式で与えられる。

$$v = r_{\mathrm{P}} = n r_{\mathrm{S}} \tag{4.5}$$

### 4.1.3 遊離酵素を用いた回分反応(CSTRの場合)

槽型バイオリアクターを用いた回分操作では,濃度 $S_0$ の基質溶液を体積 $V$ のバイオリアクター内に仕込んで反応を開始したあとには,基質や生成物を含む溶液は流入も流出もしない。すなわち,式(4.2)において $F=0$,$V$ 一定と考えてよい。以上から,遊離酵素を用いた槽型バイオリアクターの回分操作では,基質Sについての物質収支式は以下で与えられる。

$$\frac{\mathrm{d}S}{\mathrm{d}t} = -r_{\mathrm{S}} \tag{4.6}$$

式(4.6)に従ってバイオリアクターの回分操作における反応時間 $t$ と,基質濃度 $S$ の関係を求めることにより,回分反応器の設計方程式が得られる。

式(4.6)を境界条件

$$\begin{cases} t=0 \quad \text{において} \quad S=S_0 \\ t=t \quad \text{において} \quad S=S \end{cases}$$

を用いて積分することにより,設計方程式が以下のように得られる。

$$t = \int_{S_0}^{S} \frac{1}{-r_{\mathrm{S}}} \mathrm{d}S \tag{4.7}$$

式 (4.7) に対して，式 (4.5) で示した酵素反応における量論式（$r_s$ と $v$ の関係式），そして式 (4.3) や式 (4.4) などの酵素反応速度式（$v$ と $S$ の関係式）を代入することで，遊離酵素を用いた回分反応器における酵素反応時間 $t$ と基質濃度 $S$ との関係が得られる。

### 問題 4.1　回分反応の経時変化

マルトース（麦芽糖）は，グルコース 2 分子が結合した二糖である。いま，グルカン 1,4α-グルコシダーゼ（グルコアミラーゼ）を用いてマルトースを加水分解させ 2 分子のグルコースを生成させる。本酵素を用いて回分反応を行うとき，次の問に答えよ。ただし，本酵素の速度論的パラメータは $v_{max} = 1.0$ mM min$^{-1}$，$K_m = 10$ mM とし，基質のマルトース溶液濃度は 100 mM とする。また，生成物であるグルコースによる生成物阻害は無視できるとする。

（1）反応液中のグルコース濃度が 100 mM に達するまでの反応時間を求めよ。

（2）種々の微生物起源のグルコアミラーゼをスクリーニングしたところ，$v_{max} = 1.5$ mM min$^{-1}$，$K_m = 5$ mM を持つ新規のグルコアミラーゼが得られた。この酵素を用いて反応を行った場合，グルコース濃度が 100 mM になるのに要する反応時間はどれくらい短縮されるか。

〔出典：海野 肇ほか，新版 生物化学工学，p.113，3-[10]，講談社サイエンティフィク (1990) より一部改変〕

▶解答例◀

（1）題意より，生成したグルコースによる生成物阻害は無視できるため，酵素反応速度 $v$ はミカエリス・メンテン型の反応速度式に従うとする。さらに，1 分子のマルトースから 2 分子のグルコースが生成するため，基質の消費速度と酵素反応速度は式 (4.5) で与えられる。そこで，

式 (4.7) に対して式 (4.5) の量論式と式 (4.4) の酵素反応速度式を代入すると

$$t = -n\int_{S_0}^{S} \frac{K_m + S}{v_{max} S} dS \tag{4.8}$$

が得られる。式 (4.8) を積分することにより，遊離酵素を用いた回分反応器における酵素反応時間 $t$ と基質濃度 $S$ との関係が次式のように得られる。

$$K_m \ln \frac{S_0}{S} + (S_0 - S) = \frac{1}{n} v_{max} t \tag{4.9}$$

また，式 (4.5) より次式が得られる。

$$P - P_0 = n(S_0 - S) \tag{4.10}$$

題意より，式 (4.10) に対して，$S_0 = 100$ mM，$P_0 = 0$ mM，$n = 2$，および $P = 100$ mM を代入して，$S = 50$ mM が得られる。よって，式 (4.9) に対して，$K_m = 10$ mM，$S_0 = 100$ mM，$S = 50$ mM，$n = 2$，および $v_{max} = 1.0$ mM min$^{-1}$ を代入すると，$t = 114$ min が得られる。

（2）題意より，式 (4.9) に対して $K_m = 5$ mM，$S_0 = 100$ mM，$S = 50$ mM，$n = 2$，および $v_{max} = 1.5$ mM min$^{-1}$ mM を代入すると，$t = 71$ min となり，43 min 短縮される。

### 問題 4.2 基質阻害をともなう場合では？

基質阻害を示す酵素を用いて回分反応を行う。ただし，1 分子 S から 2 分子の P が生成するとする。この酵素についての速度論パラメータについては，$K_m = 40$ mM，$v_{max} = 1.0$ mM min$^{-1}$，$K_i = 10$ mM が与えられている。基質 S の初期濃度を 90 mM とするとき，下記の問に答えよ。

（1）生産物 P の濃度が 30 mM に達するまでに要する時間を求めよ。

（2）（1）において，生産物 P の濃度が 30 mM に達するまでに要する時間を 1/4 にするためには，酵素濃度を何倍にすればよいか。

（3）（1）で計算された時間において，生成物 P の濃度が 4 倍の 120 mM に達するためには，酵素濃度をもとの何倍にすればよいか。

〔出典:海野 肇ほか, 新版 生物化学工学, p.113, 3-[10], 講談社サイエンティフィク(1990)より一部改変〕

▶解答例◀

(1) 題意より，酵素反応速度 $v$ は基質阻害を伴うミカエリス・メンテン型の反応速度式に従う。そこで，式(4.7)に対して式(4.3)の量論式と式(4.5)の酵素反応速度式を代入すると

$$t = -n \int_{S_0}^{S} \frac{K_m + S + \frac{S^2}{K_i}}{v_{max} S} dS \tag{4.11}$$

が得られる。式(4.11)を積分することにより，基質阻害を伴う遊離酵素を用いた回分反応器における酵素反応時間 $t$ と基質濃度 $S$ との関係が次式のように得られる。

$$K_m \ln \frac{S_0}{S} + (S_0 - S) + \frac{S_0^2 - S^2}{2K_i} = \frac{1}{n} v_{max} t \tag{4.12}$$

題意より，式(4.10)に対して，$S_0 = 90$ mM, $P_0 = 0$ mM, $n = 2$, および $P = 30$ mM を代入して，$S = 75$ mM を得る。よって，式(4.12)に対して，$K_m = 40$ mM, $S_0 = 90$ mM, $S = 75$ mM, $K_i = 10$ mM, $n = 2$, および $v_{max} = 1.0$ mM min$^{-1}$ を代入して，$t = 292$ min となる。

(2) $t = 292/4$ min の酵素反応時間においても，(1)の場合と同様に $P = 30$ mM を達成するためには，式(4.12)に対して，$K_m = 40$ mM, $S_0 = 90$ mM, $S = 75$ mM, $K_i = 10$ mM, $n = 2$, および $t = 292/4$ min を代入して，$v_{max}' = 4.0$ mM min$^{-1}$ となる。ここで，$v_{max} = k_{+2} \times [E]_0$ より，$[E]_0'/[E]_0 = v_{max}'/v_{max} = 4.0$ mM min$^{-1}/1.0$ mM min$^{-1} = 4$ となるから，酵素量 $[E]_0$ を4倍にする必要がある。

(3) 式(4.10)に対して，$S_0 = 90$ mM, $P_0 = 0$ mM, $n = 2$, および $P = 120$ mM を代入して，$S = 30$ mM を得る。よって，式(4.12)に対して，$K_m = 40$ mM, $S_0 = 90$ mM, $S = 30$ mM, $K_i = 10$ mM, $n = 2$, および $t = 292$ min を代入して，$v_{max}'' = 3.2$ mM min$^{-1}$ となる。ここで，$v_{max} = k_{+2} \times [E]_0$ より，$[E]_0''/[E]_0 = v_{max}''/v_{max} = 3.2$ mM min$^{-1}/1.0$ mM min$^{-1} = 3.2$ となるから，酵素量 $[E]_0$ を3.2倍にする必要がある。

### 4.1.4 固定化酵素を用いた連続反応（CSTR と PFR の比較）

#### （1） 固定化酵素を用いた場合の撹拌槽型反応器（CSTR）の設計方程式

理想的な完全混合状態の槽型バイオリアクターを用いた連続操作では，濃度 $S_F$ の基質溶液を一定の流量 $F$ で体積 $V$ へ流入し，基質濃度 $S$ となった溶液が同じ流量で流出する。ここで，定常状態では物質の蓄積速度はゼロであるから，式 (4.2) の左辺はゼロとなる。

この反応器における体積 $V$ は，固定化酵素粒子の部分 $((1-\varepsilon)V)$ と溶液の部分 $(\varepsilon V)$ に大きく分けられる。ただし $\varepsilon$ は空隙率（リアクター体積 $V$（＝固定化酵素粒子＋溶液の体積）のうち溶液の体積の割合）である。

また，酵素反応が起こるのは固定化酵素粒子内なので，式 (4.2) の右辺第3項の体積要素はリアクター体積 $V$ に充填率 $(1-\varepsilon)$ を掛けた形になる。

以上から，固定化酵素を用いた槽型バイオリアクターの連続操作では，基質 $S$ についての物質収支式は以下で与えられる。

$$0 = FS_F - FS - r_S(1-\varepsilon)V \quad [\mathrm{mol\,h^{-1}}] \tag{4.13}$$

ここで，バイオリアクター体積基準の平均滞留時間

$$\bar{\tau} = \frac{V}{F} \tag{4.14}$$

を用いると，固定化酵素を用いた槽型バイオリアクターの設計方程式が以下のように得られる。

$$(1-\varepsilon)\bar{\tau} = \frac{S_F - S}{r_S} \tag{4.15}$$

式 (4.15) に対して，式 (4.5) で示した酵素反応における量論式（$r_S$ と $v$ の関係式），そして式 (4.3) や式 (4.4) などの酵素反応速度式（$v$ と $S$ の関係式）を代入することで，固定化酵素を用いた槽型バイオリアクターにおける，リアクター内の固定化酵素粒子部分の体積 $((1-\varepsilon)V)$ 基準の平均滞留時間 $(1-\varepsilon)\bar{\tau}$ と基質濃度 $S$ との関係を得ることができる。

酵素反応は酵素が存在する固定化酵素粒子の部分で起こる。固定化酵素を用いる場合は固定化酵素粒子内部で基質濃度が低下するため，酵素反応速度 $v$ は

有効係数 $\eta$（0.95 程度の値）を掛けた速度になる。

**（2） 固定化酵素を用いた場合の管型反応器（PFR）の設計方程式**　管型バイオリアクターの流れ方向では各成分の濃度は均一ではないが，管型バイオリアクター内部の微小体積 $dV$ については，式 (4.1) に従って物質収支をとることができる（**図 4.4**）。理想的な押し出し流れの槽型バイオリアクターを用いた連続操作では，濃度 $S_z$ の基質溶液が一定の流量 $F$ で微小体積 $dV$ へ流入し，濃度 $\mathrm{d}S$（＜0）だけ変化した溶液が同じ流量で流出する。ここで，定常状態では物質の蓄積速度はゼロであるから，式 (4.1) の左辺はゼロとなる。酵素を固定化している場合は，さきほどと同様に基質の消費速度 $r_S$ は有効係数 $\eta$ を掛けた速度になる。また，酵素反応が起こるのは固定化酵素粒子内なので，右辺第 3 項の要素体積は微小体積 $dV$ に充填率 $(1-\varepsilon)$ を掛けた形になる。以上から，固定化酵素を用いた管型バイオリアクターの連続操作では，基質 S についての物質収支式は以下で与えられる。

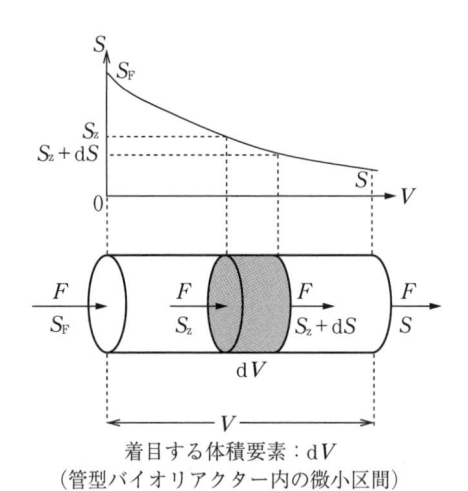

**図 4.4**　管型バイオリアクター内の微小体積要素における物質収支

$$0 = FS_z - F(S_z + \mathrm{d}S) - r_S(1-\varepsilon)\mathrm{d}V \quad [\mathrm{mol\ h^{-1}}] \tag{4.16}$$

この物質収支式を変形すると以下の式が得られる。

$$(1-\varepsilon)\frac{\mathrm{d}V}{F} = -\frac{1}{r_S}\mathrm{d}S \tag{4.17}$$

ここで，式 (4.17) を変数分離し，境界条件

$$\begin{cases} V=0 & \text{において} \quad S=S_\mathrm{F} \\ V=V & \text{において} \quad S=S \end{cases}$$

を用いて積分することにより

$$(1-\varepsilon)\frac{1}{F}\int_0^V \mathrm{d}V = -\int_{S_\mathrm{F}}^S \frac{1}{r_\mathrm{S}}\mathrm{d}S \tag{4.18}$$

また，平均滞留時間 $\bar{\tau}$

$$\bar{\tau} = \frac{V}{F} \tag{4.19}$$

を用いると，固定化酵素を用いた管型バイオリアクターの設計方程式が以下のように得られる。

$$\bar{\tau}(1-\varepsilon) = \int_S^{S_\mathrm{F}} \frac{1}{r_\mathrm{S}}\mathrm{d}S \tag{4.20}$$

式 (4.20) に対して，式 (4.5) で示した酵素反応における量論式（$r_\mathrm{S}$ と $v$ の関係式），そして式 (4.3) や式 (4.4) などの酵素反応速度式（$v$ と $S$ の関係式）を代入することで，固定化酵素を用いた管型バイオリアクターにおける，リアクター内の固定化酵素粒子部分の体積（$(1-\varepsilon)V$）基準の平均滞留時間 $(1-\varepsilon)\bar{\tau}$ と基質濃度 $S$ との関係を得ることができる。

---

**問題 4.3 槽型反応器と管型反応器の比較**

固定化インベルターゼを用いて，スクロース → グルコース＋フルクトースの反応を連続反応で行う。空隙率 $\varepsilon=0.5$ となるよう反応器に充填し，基質濃度 $S_\mathrm{F}=100\,\mathrm{mM}$ の原料を流量 $F=2.5\,\mathrm{L\,min^{-1}}$ で供給した。酵素反応はミカエリス・メンテンの式で表されるとする。$v_{\max}=1.0\,\mathrm{mM\,min^{-1}}$，$K_\mathrm{m}=10\,\mathrm{mM}$ のとき，基質の 95 % を反応させる（反応率 $x=0.95$）のに必要な反応器の体積を次の 2 種類の反応器について求めよ。ただし，固定化酵素内部の基質濃度は溶液中の基質濃度と等しく均一である（有効係数 $\eta=1$）とする。

（1） 固定化酵素を用いた槽型バイオリアクター。完全混合（CSTR）
（2） 固定化酵素を用いた管型バイオリアクター。押し出し流れ（PFR）。

〔出典：川瀬義矩，生物反応工学の基礎，p.197, 3-16, 化学工業社（1996）より一部改変〕

▶解答例◀
（1） **固定化酵素を用いた槽型バイオリアクターの設計方程式**

式 (4.15) に対して，式 (4.5) の量論式と式 (4.3) のミカエリス・メンテン型の酵素反応速度式を代入することにより，固定化酵素を用いた撹拌槽型反応器における固定化酵素体積基準の平均滞留時間 $(1-\varepsilon)\bar{\tau}$ と基質濃度 $S$ との関係が次式のように得られる。

$$K_m \frac{S_F - S}{S} + (S_F - S) = \eta v_{max}(1-\varepsilon)\bar{\tau} \tag{4.21}$$

得られた式 (4.21) に対して，$K_m = 10$ mM, $S_F = 100$ mM, $S = S_F(1-x) = 5$ mM, $\eta = 1$, $v_{max} = 1.0$ mM min$^{-1}$, $\varepsilon = 0.5$ を代入して，$\bar{\tau} = 570$ min が得られる。よって，求める体積は，$V = \bar{\tau}F = 1425$ L となる。

（2） **固定化酵素を用いた管型バイオリアクターの設計方程式**

式 (4.18) に対して，式 (4.5) の量論式と式 (4.3) のミカエリス・メンテン型の酵素反応速度式を代入し積分することにより，固定化酵素を用いた管型反応器における固定化酵素体積基準の平均滞留時間 $(1-\varepsilon)\bar{\tau}$ と基質濃度 $S$ との関係が次式のように得られる。

$$K_m \ln \frac{S_F}{S} + (S_F - S) = \eta v_{max}(1-\varepsilon)\bar{\tau} \tag{4.22}$$

得られた式 (4.22) に対して，$K_m = 10$ mM, $S_F = 100$ mM, $S = S_F(1-x) = 5$ mM, $\eta = 1$, $v_{max} = 1.0$ mM min$^{-1}$, $\varepsilon = 0.5$ を代入して，$\bar{\tau} = 250$ min が得られる。よって，求める体積は，$V = \bar{\tau}F = 625$ L となる。

CSTR においては，理想的には反応混合物が完全に混合されており，槽内は均一な濃度になっている。そのため，反応槽全体の反応効率は低くなる。これに対し，押し出し流れが仮定できる PFR においては，反応流体はピストンで押されるように管内を移動し，前後の流体要素と混合しないで反応は出口に向かって徐々に進行する。以上のことから，一般的に PFR において，より高い反応効率が得られる。言い換えると，一般的にある反応効率を達成するために必要なバイオリアクター容積は，PFR のほうがより小さくてすむ。

**問題 4.4 基質阻害をともなう場合では？**

基質阻害型の酵素反応に対して，CSTR もしくは PFR で連続操作を行うとき，以下の問に答えよ。

（1） 反応率 $x$ と，固定化酵素体積基準の平均滞留時間 $(1-\varepsilon)\bar{\tau}$ との関係式を導出せよ。

（2） 反応率 $x$ と滞留時間 $(1-\varepsilon)\bar{\tau}$ の関係を図示せよ。$S_F = 100$ mM，$v_{\max} = 1.0$ mM min$^{-1}$，$K_m = 10$ mM，$K_i = 20$ mM，$\eta = 1$ とする。

〔出典：海野 肇ほか，新版 生物化学工学，p.159，4-[2]，講談社サイエンティフィク（1990）より一部改変〕

▶解答例◀

（1）

**a. 固定化酵素を用いた CSTR による連続操作**

固定化酵素を用いた槽型バイオリアクターの設計方程式 (4.20) に対して，式 (4.5) の量論式と式 (4.4) の基質阻害を伴うミカエリス・メンテン型の酵素反応速度式を代入することにより，基質阻害を伴う固定化酵素を用いた撹拌槽型反応器における，固定化酵素体積基準の平均滞留時間 $(1-\varepsilon)\bar{\tau}$ と基質濃度 $S$ との関係が次式のように得られる。

$$K_m \frac{S_F - S}{S} + (S_F - S) + \frac{S(S_F - S)}{K_i} = \eta v_{\max}(1-\varepsilon)\bar{\tau} \quad (4.23)$$

さらに，$S = S_F(1-x)$ を式 (4.23) へ代入して $S$ を消去し整理すると，固定化酵素体積基準の平均滞留時間 $(1-\varepsilon)\bar{\tau}$ と反応率 $x$ との関係が次式のように得られる。

$$K_m \frac{x}{1-x} + S_F x \left\{ 1 + \frac{S_F(1-x)}{K_i} \right\} = \eta v_{\max}(1-\varepsilon)\bar{\tau} \quad (4.24)$$

**b. 固定化酵素を用いた PFR による連続操作**

固定化酵素を用いた管型バイオリアクターの設計方程式の式 (4.15) に対して，式 (4.5) の量論式と式 (4.4) の基質阻害を伴うミカエリス・メンテン型の

酵素反応速度式を代入し積分することにより，基質阻害を伴う固定化酵素を用いた管型反応器における，固定化酵素体積基準の平均滞留時間 $(1-\varepsilon)\bar{\tau}$ と基質濃度 $S$ との関係が次式のように得られる．

$$K_{\mathrm{m}}\ln\frac{S_{\mathrm{F}}}{S}+(S_{\mathrm{F}}-S)+\frac{S_{\mathrm{F}}^2-S^2}{2K_{\mathrm{i}}}=\eta v_{\max}(1-\varepsilon)\bar{\tau} \qquad (4.25)$$

さらに，$S=S_{\mathrm{F}}(1-x)$ を式 (4.25) へ代入して $S$ を消去し整理すると，固定化酵素体積基準の平均滞留時間 $(1-\varepsilon)\bar{\tau}$ と反応率 $x$ との関係が次式のように得られる．

$$-K_{\mathrm{m}}\ln(1-x)+S_{\mathrm{F}}x\left\{1+\frac{S_{\mathrm{F}}(2-x)}{2K_{\mathrm{i}}}\right\}=\eta v_{\max}(1-\varepsilon)\bar{\tau} \qquad (4.26)$$

（2） 得られた式 (4.23) および式 (4.25) に対して，$K_{\mathrm{m}}=10\,\mathrm{mM}$, $S_{\mathrm{F}}=100\,\mathrm{mM}$, $K_{\mathrm{ESS}}=20\,\mathrm{mM}$, $\eta=1$, $v_{\max}=1.0\,\mathrm{mM\,min^{-1}}$ を代入し，反応率 $x$ と固定化酵素体積基準の平均滞留時間 $(1-\varepsilon)\bar{\tau}$ との関係をプロットした（図4.5）。ミカエリス・メンテン型の酵素反応速度式の場合とは異なり，PFR よりも CSTR のほうが高い反応率を示すことがわかる．

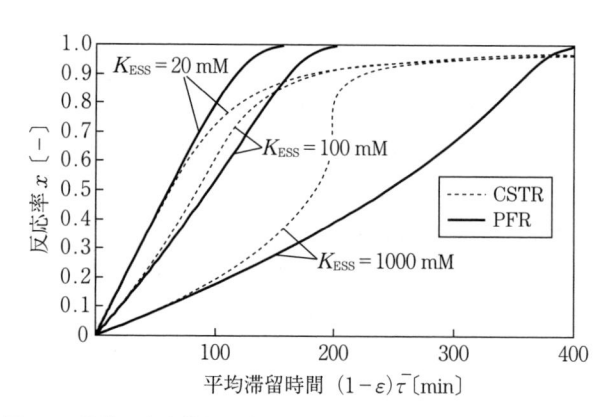

**図4.5** 基質阻害を伴う固定化酵素を用いた連続反応における反応率 $x$ と固定化酵素体積基準の平均滞留時間 $(1-\varepsilon)\bar{\tau}$ との関係

また，$K_{\mathrm{ESS}}$ の値が 20 mM から 100 mM, 1000 mM と高くなるにつれ，基質阻害のないミカエリス・メンテン型の酵素反応速度式に近づくため，CSTR よりも PFR のほうが高い反応率を示すようになる．

## 4.2 微生物バイオリアクターの設計

微生物の工業的培養は一般的に純粋培養であり,その液体培養に対応する培養装置に必須な要件は,次の諸点が考えられる。

(1) 装置本体および装置付属諸計器の滅菌が可能。
(2) 装置運転時に雑菌混入がない。
(3) 培養経過に応じ,装置機能の作動調節を無菌操作で行うことが可能。

微生物用の液体培養装置は,大きく,通気撹拌槽型,気泡塔型,流動層型,充填層型の四つに分類されるが,いずれの培養槽を用いる場合でも,その目的は原料(基質)から生産物(目的物質)を作り出すことである。工業化においては,培養コストの削減は重要な検討課題の一つであり,培養槽内での基質や生産物,微生物の挙動を知ることは,培養効率や生産性の向上に不可欠である。液体培養の培養方法は,培地の供給,培養液の回収方法の違いによって回分培養と連続培養とに大別され,培養方法の違いによりその培養特性も異なる。ここでは,撹拌槽内が完全に均一であると仮定した,完全混合型通気撹拌槽を用いた基本的な培養方法について,基礎的な理論について解説する。

### 4.2.1 回 分 培 養

**回分培養**(batch fermentation)は,必要な培地成分をあらかじめ培養槽に仕込んで培養する方法である。微生物を植菌したあとは,温度とpH,場合によっては溶存酸素濃度の制御を行うことが通常であり,それ以外の制御は行わない。培養終了まで培養した後,終了時にすべての培養液を抜き出す。培養操作は培地の仕込み,培地の滅菌,植菌,培養,集菌,洗浄,培養槽の滅菌が1工程となる。

一般に,微生物の増殖速度は微生物濃度 $X$ 〔g dry-cell L$^{-1}$〕や基質濃度 $S$ 〔g L$^{-1}$〕の関数として,式 (4.27), (4.28) のように定義される。

一度入れたら，できあがるまでじっと待つ…

$$V\frac{\mathrm{d}X}{\mathrm{d}t} = \mu V X \tag{4.27}$$

$$\mu = \frac{\mu_\mathrm{m} S}{S + K_\mathrm{S}} \tag{4.28}$$

ここで，$V$は培養液の体積〔L〕，$\mu$は比増殖速度〔h$^{-1}$〕，$\mu_\mathrm{m}$は最大比増殖速度〔h$^{-1}$〕，$K_\mathrm{S}$は飽和定数〔g L$^{-1}$〕である．式(4.28)は特にMonodの式と呼ばれる．培養開始時の微生物濃度を$X_0$〔g dry-cell L$^{-1}$〕とすると，式(4.27)は式(4.29)とすることができる．これは，$\mu$が一定であれば微生物は指数関数的に増殖することを示している．

$$X = X_0 e^{\mu t} \tag{4.29}$$

培養後期の増殖速度の低下は，基質濃度の減少だけではなく，増殖阻害物質の蓄積によっても引き起こされることから，式(4.27)の代わりに他の影響を包括的に考慮したロジスティック式(4.30)も考案されている．

$$\frac{\mathrm{d}X}{\mathrm{d}t} = \mu X (1 - \gamma X) \tag{4.30}$$

ここで，$\gamma$は細胞増殖に関する実験定数〔L g dry-cell$^{-1}$〕で，$(1-\gamma X)$は比増殖速度$\mu$が微生物量に応じて阻害を受けることを表している．

回分培養で基質が完全に消費されて，微生物の増殖が停止した時点での微生物濃度$X_\mathrm{f}$〔g dry-cell L$^{-1}$〕と初期基質濃度$S_0$〔g L$^{-1}$〕の間には，次式のような関係が成り立つ場合が多い．

$$Y_{\mathrm{X/S}} = \frac{X_\mathrm{f} - X_0}{S_0} \tag{4.31}$$

$X_0$ は初期微生物濃度〔g dry-cell L$^{-1}$〕，$Y_{X/S}$ は消費基質に対する微生物収率〔g dry-cell g substrate$^{-1}$〕である．通常 $X_f$ は $X_0$ よりもかなり大きくなるため，あらかじめ $Y_{X/S}$ を調べておくことで $X_f$ を予測することが可能である．ただし，$S_0$ が大きすぎる場合や，モデル中に含まれる基質（制限基質）以外の影響による増殖速度の低下が起こる場合は式 (4.31) は成り立たない．

生産性とは，ある一定時間において一定体積の培養槽当りどれだけ目的生産物を生産することができるかを示しており，培養槽の性能を表す指標の一つである．回分培養の場合，1 回の培養操作には増殖の誘導期 $t_l$，指数増殖期 $t_e$，生産物の回収時間 $t_r$，次回の培養の準備時間 $t_p$ が必要となる．最終微生物濃度に達するまで指数増殖が持続すると仮定すると，式 (4.29) より

$$X_f = X_0 e^{\mu t_e} \tag{4.32}$$

となり，1 回の培養操作に必要な時間 $t_b$ は

$$t_b = t_l + t_r + t_p + \frac{1}{\mu} \ln \frac{X_f}{X_0} \tag{4.33}$$

と表すことができる．ここで，微生物の生産性 $P_{XB}$（一定の培養時間の間にどれだけ微生物が増えるか）を考えると

$$P_{XB} = \frac{X_f - X_0}{t_b} = \frac{Y_{X/S} S_0}{t_l + t_r + t_p + \frac{1}{\mu} \ln \frac{X_f}{X_0}} \tag{4.34}$$

となる．

---

**問題 4.5　培養終了時の菌体濃度は？**

ある微生物をグルコースを唯一の炭素源として回分培養で培養している．初期の培養条件は，菌体濃度 0.5 g dry-cell L$^{-1}$，グルコース濃度 45 g L$^{-1}$，温度 37 ℃，pH6.5 であった．培養開始 2 時間後（$t=1$）に菌体濃度とグルコース濃度を測定したところ，菌体濃度が 1.0 g dry-cell L$^{-1}$，グルコース濃度が 43 g L$^{-1}$ であった．

この培養の菌体濃度とグルコース濃度以外の環境条件が培養終了時まで変化せず，菌体増殖の停止がグルコース濃度の枯渇のみによって起こると

したとき，培養終了時の菌体濃度は何〔g dry-cell/L$^{-1}$〕となるか．

▶解答例◀

式 (4.31) より，消費グルコースに対する微生物収率は，$t$ 時間後の菌体濃度とグルコース濃度を用いて，以下のように考えることができる．

$$Y_{X/S} = \frac{X_t - X_0}{S_0 - S_t}$$

$X_0 = 0.5$，$X_t = 1.0$，$S_0 = 45$，$S_t = 43$ を代入して

$$Y_{X/S} = \frac{1.0 - 0.5}{45 - 43} = 0.25 \text{ g dry-cell g glucose}^{-1}$$

よって，培養終了時の菌体濃度 $X_f$ は

$$X_f = X_0 + S_0 \times Y_{X/S} = 0.5 + 45 \times 0.25 = 11.75 \text{ g dry-cell L}^{-1}$$

---

**問題 4.6 培養時間はどれぐらい？**

ある微生物を回分培養にて培養することを計画している．用いる微生物の比増殖速度が $\mu = 0.5 \text{ h}^{-1}$，培養開始時（$t=0$）のときの菌体濃度が 1 g dry-cell L$^{-1}$ であるとき，菌体濃度を 30 g dry-cell L$^{-1}$ に増やすためには何時間培養を行えばよいか．

▶解答例◀

式 (4.32) より

$$\frac{X_f}{X_0} = e^{\mu t}$$

$$\ln \frac{X_f}{X_0} = \mu t$$

$$t = \frac{1}{\mu} \ln \frac{X_f}{X_0}$$

$\mu = 0.5$，$X_0 = 1$，$X_f = 30$ を代入して

$$t = \frac{1}{0.5} \ln \frac{30}{1} = 6.802\cdots$$

∴ 6.80 h（約 6 時間 48 分）後

## 4.2.2 連続培養

**連続培養**(continuous fermentation)は，培養槽へ新しい培地を一定速度で供給しつつ，同量の培養液を連続的に培養槽から排出する培養方法である。連続培養においては培地供給速度を適切に制御すると，これらの環境条件を一定に保つ（定常状態）ことが可能となる。

追加しているのに片端から食べられてしまう…

通気撹拌槽型培養槽による連続培養において，まず，微生物量 $X$ 〔g dry-cell L$^{-1}$〕に関して物質収支を考えることにする。

$$V\frac{dX}{dt} = -FX + \mu VX \tag{4.35}$$

ここで希釈率 $D = F/V$ 〔h$^{-1}$〕と定義すると，式(4.35)は以下のようになる。

$$\frac{dX}{dt} = (\mu - D)X \tag{4.36}$$

同様に基質 $S$ および生産物 $P$ に関して物質収支を考えると以下のようになる。

$$\frac{dS}{dt} = D(S_f - S) - \frac{1}{Y_{X/S}}\mu X \tag{4.37}$$

$$\frac{dP}{dt} = \frac{Y_{P/S}}{Y_{X/S}}\mu X - DP \tag{4.38}$$

ここで，$Y_{P/S}$ は消費基質に対する生産物収率〔g product g substrate$^{-1}$〕である。定常状態では培養槽内の微生物濃度，基質濃度，生産物濃度は一定となるため，$dX/dt$，$dS/dt$，$dP/dt$ はすべて 0 となる。

$$(\mu - D)X = 0 \tag{4.39}$$

$$D(S_f - S) - \frac{1}{Y_{X/S}}\mu X = 0 \tag{4.40}$$

$$\frac{Y_{\mathrm{P/S}}}{Y_{\mathrm{X/S}}}\mu X - DP = 0 \tag{4.41}$$

式 (4.39) より，定常状態のときは，$\mu = D$ ($= F/V$) もしくは $X = 0$ が成り立つ．このことは培養液中の微生物濃度がゼロでないとき，比増殖速度 $\mu$ を培地供給速度 $F$ を用いて制御できることを示している．また $D > \mu_{\mathrm{m}}$ の場合には，微生物が培養槽中から増殖するより早く洗い流されてしまうことになり，$X = 0$ となる．この現象を**ウォッシュアウト**（washout）という．

定常状態における微生物濃度は式 (4.40) および $\mu = D$ より

$$X = Y_{\mathrm{X/S}}(S_{\mathrm{f}} - S) \tag{4.42}$$

また，比増殖速度として Monod の式が成り立つとき，式 (4.28) および $\mu = D$ より，基質濃度は

$$S = \frac{K_{\mathrm{S}} D}{\mu_{\mathrm{m}} - D} \tag{4.43}$$

となる．連続培養の場合，微生物の生産性 $P_{\mathrm{XC}}$ は $DX$ で表すことができるため

$$P_{\mathrm{XC}} = DX = Y_{\mathrm{X/S}} D \left( S_{\mathrm{f}} - \frac{K_{\mathrm{S}} D}{\mu_{\mathrm{m}} - D} \right) \tag{4.44}$$

と表すことができる．

---

**問題 4.7 連続培養について考えよう**

通気撹拌槽型連続培養槽を用いてパン酵母の培養を行い，抜取培地中のパン酵母の濃度 $X$ を $8.0\,\mathrm{g\ dry\text{-}cell\ L^{-1}}$ としたい．培地供給および培地抜取速度（流量）は $F = 8.0\,\mathrm{L\ h^{-1}}$，供給培地中基質濃度 $S_{\mathrm{f}} = 18\,\mathrm{g\ L^{-1}}$，酵母の対基質収率 $Y_{\mathrm{X/S}} = 0.50\,\mathrm{g\ dry\text{-}cell\ \ g\ substrate^{-1}}$，$K_{\mathrm{S}} = 0.40\,\mathrm{g\ L^{-1}}$，$\mu_{\mathrm{m}} = 0.3\,\mathrm{h^{-1}}$ であり，パン酵母の増殖速度は Monod の式で表されるとき，培養液中の基質濃度はいくらになるか．また，必要な培養液の体積はいくらか．ただし，供給培地中にはパン酵母は含まれていないとする．

▶解答例◀

式 (4.42) より

$X = Y_{X/S}(S_f - S)$

$X = 8.0$, $S_f = 18$, $Y_{X/S} = 0.50$ を代入すると

$8.0 = 0.50 \times (18 - S)$

$S = 2.0$

よって，培養液中の基質濃度は $2 \, \mathrm{g \, L^{-1}}$ となる。

この $S$ と，$K_S = 0.40$，$\mu_m = 0.3$ を式 (4.28) に代入すると

$$\mu = \frac{\mu_m S}{S + K_S}$$

$$= \frac{0.3 \times 2.0}{2.0 + 0.40}$$

$$= 0.25$$

連続培養の定常状態においては，菌体濃度がゼロでない場合 $\mu = D$ となるため

$$\mu = D = \frac{F}{V}$$

$$V = \frac{F}{\mu} = \frac{8}{0.25} = 32$$

よって，必要な培養液は，32 L となる。

---

**問題 4.8　培地はどれぐらい供給すればよいか？**

ある微生物を通気撹拌槽型培養槽を用いて連続培養で培養したところ，定常状態における微生物の最大比増殖速度が $\mu = 0.75 \, \mathrm{h^{-1}}$，そのときの菌体濃度が $8.0 \, \mathrm{g \, dry\text{-}cell \, L^{-1}}$ となった。この培養条件で 1 時間当り 200 g dry-cell の微生物量を生産するためには，培養槽への培地供給速度は最低何 $[\mathrm{L \, h^{-1}}]$ 必要となるか。また，この培養槽への培地供給速度を $15 \, \mathrm{L \, h^{-1}}$ とした場合，培養液の体積が何リットルより少なくなるとウォッシュアウトが起こるか。

▶解答例◀

$\mu = 0.75 \, \mathrm{h^{-1}}$ のときの菌体濃度は $4.0 \, \mathrm{g \, dry\text{-}cell \, L^{-1}}$ であるため，1 時間当り 200 g dry-cell の微生物を生産するためには

$8.0F > 200$

すなわち

$F > 25 \, \mathrm{L\,h^{-1}}$

の培地供給が必要となる。

また，連続培養の場合，$\mu = D \ (= F/V)$ となるため，ウォッシュアウトの起こらない最大の $D$ は 0.75 となる。

$$D = \frac{F}{V} \leq 0.75$$

$$V \geq \frac{F}{0.75} = \frac{15}{0.75} = 20$$

よって，ウォッシュアウトさせないためには最低 20 L の培養液体積が必要となる。

### 4.2.3 流加培養

**流加培養**（fed-batch fermentation，半回分培養）は，培養中に培養液を抜き出すことなく，新しい培地を培養槽に供給する方法である。回分培養に培地の供給操作を加えているため，半回分培養ともいう。

微生物濃度 $X$，基質濃度 $S$，生産物量 $P$ に関して，物質収支式は以下のようになる。

$$\frac{\mathrm{d}(VX)}{\mathrm{d}t} = \mu VX \tag{4.45}$$

$$\frac{\mathrm{d}(VS)}{\mathrm{d}t} = FS_\mathrm{f} - \frac{1}{Y_{\mathrm{X/S}}} \frac{\mathrm{d}(VX)}{\mathrm{d}t} \tag{4.46}$$

$$\frac{\mathrm{d}(VP)}{\mathrm{d}t} = \frac{Y_{\mathrm{P/S}}}{Y_{\mathrm{X/S}}} \mu VX \tag{4.47}$$

培養液体積の変化速度を

$$\frac{\mathrm{d}V}{\mathrm{d}t} = F \tag{4.48}$$

とおけば，式 (4.45) 〜 (4.47) は以下のように置き換えることができる。

$$\frac{\mathrm{d}X}{\mathrm{d}t} = \mu X - \frac{F}{V} X \tag{4.49}$$

$$\frac{dS}{dt} = \frac{F}{V}(S_f - S) - \frac{1}{Y_{X/S}}\frac{dX}{dt} \tag{4.50}$$

$$\frac{dP}{dt} = \frac{Y_{P/S}}{Y_{X/S}}\mu X - \frac{F}{V}P \tag{4.51}$$

ここで，連続培養の場合と同じく $D = F/V$ とおくと

$$\frac{dX}{dt} = (\mu - D)X \tag{4.52}$$

$$\frac{dS}{dt} = D(S_f - S) - \frac{1}{Y_{X/S}}\mu X \tag{4.53}$$

と式 (4.36)，(4.37) と同様の式を得ることができる．

流加培養の特徴は，基質供給量を制御することで，培養液中の基質濃度を任意に制御できる点であり，培養操作において，基質供給速度をどのように制御するかが重要となってくる．

基質供給速度を一定に保って培養を行う場合，培養時間 $t$〔h〕における培養槽内の微生物量は，以下の式で与えられる．

$$VX = V_0 X_0 + Y_{X/S}(FS_f t + V_0 S_0) \tag{4.54}$$

ここで，$V_0$，$X_0$，$S_0$ はそれぞれ流加培養開始時の培養液体積〔L〕，微生物濃度〔g dry-cell L$^{-1}$〕，基質濃度〔g L$^{-1}$〕である．ここで，初発基質濃度 $S_0$ がほぼ 0 であり，供給された基質がすぐに微生物に消費される条件下であれば，基質供給が律速となり，微生物量は直線的に増加することになる．

微生物が指数増殖可能（$\mu$ が一定）となるように基質供給を行う場合，基質供給速度は以下のように決めることができる．指数増殖期においては，培養槽内の微生物量は以下の式で与えられる．

$$VX = V_0 X_0 e^{\mu t} \tag{4.55}$$

Monod の式が成り立つ場合，$\mu$ が一定ということは，培養槽中の基質濃度 $S$ が変化しないことを意味している．そこで，培養槽内の基質濃度がほぼ 0 である状態を考えたとき，式 (4.45)，(4.46)，(4.55) より

$$FS = FS_f - \frac{1}{Y_{X/S}}\mu V_0 X_0 e^{\mu t} \tag{4.56}$$

$$F = \frac{\mu V_0 X_0 e^{\mu t}}{Y_{X/S}(S_f - S)} \approx \frac{\mu V_0 X_0 e^{\mu t}}{Y_{X/S} S_f} \tag{4.57}$$

となり，微生物の比増殖速度に対応するように指数的に供給速度を調節すればよいことになる。これを**指数的流加培養**と呼んでいる。

足していったら美味しくなるかな…？

---

**問題 4.9　流加培養中の体積変化**

指数的流加培養において，培養液中の微生物濃度や基質濃度が変化しない（擬定常状態が保たれている）とき，時間 $t$ 〔h〕のときの培養槽内の培養液体積 $V$ を表す式を，式 (4.48) および式 (4.57) から導出せよ。ただし，$t=0$ h のときの体積 $V_0$ 〔L〕，微生物濃度 $X_0$ 〔g dry-cell L$^{-1}$〕とし，培養槽内の基質濃度はほぼゼロであると考えよ。

▶解答例◀

式 (4.48) より

$$\frac{dV}{dt} = F$$

$$dV = F dt$$

両辺を積分して

$$\int_{V_0}^{V} dV = \int_{0}^{t} F dt$$

式 (4.57) を代入して

$$\int_0^V dV = \int_0^t \frac{\mu V_0 X_0 e^{\mu t}}{Y_{X/S} S_f} dt$$

$$[V]_{V_0}^V = \frac{\mu V_0 X_0}{Y_{X/S} S_f} \int_0^t e^{\mu t} dt$$

$$= \frac{\mu V_0 X_0}{Y_{X/S} S_f} \left[\frac{e^{\mu t}}{\mu}\right]_0^t$$

$$= \frac{V_0 X_0}{Y_{X/S} S_f} [e^{\mu t}]_0^t$$

$$V = V_0 + \frac{V_0 X_0}{Y_{XS} S_f} [e^{\mu t} - 1]$$

ここで,基質濃度が変化しない場合は

$$\frac{dS}{dt} = 0$$

式 (4.53) より

$$F(S_f - S) - \frac{1}{Y_{X/S}} \mu V X = 0$$

$$F(S_f - S) = \frac{1}{Y_{X/S}} \mu V X$$

$$\mu V(S_f - S) = \frac{1}{Y_{X/S}} \mu V X$$

$$S_f - S = \frac{1}{Y_{X/S}} X$$

$$S_f = \frac{1}{Y_{X/S}} X + S$$

培養槽内の基質濃度はほぼゼロ,また,微生物濃度は変化せず $X_0$ であるため,代入して整理すると

$$Y_{X/S} = \frac{X_0}{S_f}$$

となる。これを上で導出した $V$ の変化の式に代入して

$$V = V_0 e^{\mu t}$$

## 問題 4.10 流加培養中の体積変化

指数的流加培養において,培養液中の微生物濃度や基質濃度が変化しな

い（擬定常状態が保たれている）とき，時間 $t$ 〔h〕のときの培養槽内の培養液体積 $V$ を表す式を式 (4.52) から導出せよ。また，このときの供給培地中の基質濃度を式 (4.53) から導出せよ。ただし，$t=0\,\mathrm{h}$ のときの体積を $V_0$ 〔L〕，微生物濃度を $X_0$ 〔g dry-cell L$^{-1}$〕かつゼロではないとし，培養槽内の基質濃度はほぼゼロであると考えよ。

▶解答例◀

式 (4.53) より

$$\frac{\mathrm{d}X}{\mathrm{d}t} = \left(\mu - \frac{F}{V}\right)X$$

いま，培養槽中の微生物濃度が変化しないときを考えると

$$\frac{\mathrm{d}X}{\mathrm{d}t} = 0$$

とできるため

$$\left(\mu - \frac{F}{V}\right)X = 0$$

微生物の培養であり，$X_0 \neq 0$ となる。よって

$$F = \mu V$$

また，流加培養であるため，培養槽の体積変化速度は基質供給速度に等しい。

$$\frac{\mathrm{d}V}{\mathrm{d}t} = F$$

$$\frac{\mathrm{d}V}{\mathrm{d}t} = \mu V$$

$$\frac{1}{V}\mathrm{d}V = \mu\,\mathrm{d}t$$

$t=0$ のとき，$V = V_0$ より，この微分方程式を解くことで体積変化の式が求まる。

$$\int_{V_0}^{V} \frac{1}{V}\mathrm{d}V = \int_0^t \mu\,\mathrm{d}t$$

$$\ln\frac{V}{V_0} = \mu t$$

$$V = V_0 e^{\mu t}$$

次に基質濃度について考える。式 (4.53) より

$$\frac{dS}{dt} = \frac{F}{V}(S_f - S) - \frac{1}{Y_{X/S}}\mu X$$

基質濃度が変化しないことから

$$\frac{dS}{dt} = 0$$

$$F(S_f - S) - \frac{1}{Y_{X/S}}\mu VX = 0$$

$$F(S_f - S) = \frac{1}{Y_{X/S}}\mu VX$$

体積変化の導出のところで導いた式

$$F = \mu V$$

を代入して整理すると,供給培地中の基質濃度が求まる。

$$\mu V(S_f - S) = \frac{1}{Y_{X/S}}\mu VX$$

$$S_f - S = \frac{1}{Y_{X/S}}X$$

$$S_f = \frac{1}{Y_{X/S}}X + S$$

**問題 4.11　いったい何時間培養可能？**

指数的流加培養で細菌の培養を行う。初期培養液体積 1.0 L,初期菌体濃度は 0.50 g dry-cell L$^{-1}$,供給基質濃度を 25 g L$^{-1}$ とし,細菌の対基質収率は 0.40 であると考える。いま,比増殖速度を 0.50 h$^{-1}$ に制御したとすると,何時間後に培養槽が一杯になるか。ただし,培養槽内の基質濃度はほぼ 0 とし,培養槽の体積は 15 L で,この 2/3 まで培養液を入れることができるものとする。

▶解答例◀

問題 4.10 の結果より

$$V = V_0 + \frac{V_0 X_0}{Y_{X/S} S_f}[e^{\mu t} - 1]$$

この培養槽で運転できる最大の培養液量 $V$ は

$$V = 15 \times \frac{2}{3} = 10 \text{ L}$$

また，$V_0 = 1.0$ L, $X_0 = 0.50$ g dry-cell L$^{-1}$, $S_f = 25$ g L$^{-1}$, $Y_{X/S} = 0.40$, $\mu = 0.5$ h$^{-1}$ を代入すると

$$10 = 1 + \frac{1 \times 0.5}{0.4 \times 25}\left[e^{0.5t} - 1\right]$$

$$e^{0.5t} = 179$$

両辺の対数をとると

$$0.5\,t = \ln 179$$

$$\therefore \quad t = 10.3747 \cdots$$

よって，培養時間は約 10.4 時間となる。

### 問題 4.12　繰り返せば効率的か？

回分培養の繰返しによる菌体の生産性 $P_{XB}$ と，単槽連続培養における菌体の生産性 $P_{XC}$ は，それぞれ式 (4.34)，式 (4.44) で表すことができる。このとき，以下の問に答えよ。ただし，回分培養の初期基質濃度と連続培養の供給基質濃度，回分培養と連続培養の菌体収率が等しく，いずれの培養においても指数増殖時には微生物が最大比増殖速度で増殖すると考える。また，回分培養の終了時の培地基質濃度，連続培養時の培養液中の基質濃度は，ほぼゼロとして考えること。

（1）連続培養と回分培養の生産性の比を表す式が

$$\frac{P_{XC}}{P_{XB}} = \mu_m (t_l + t_r + t_p) + \ln \frac{X_f}{X_0}$$

となることを示せ（各記号は本文を参照のこと）。

（2）$X_0 = 0.50$ g dry-cell L$^{-1}$, $X_f = 10$ g L$^{-1}$, $\mu_m = 0.80$ h$^{-1}$ で，$t_l$, $t_r$, $t_p$ がすべてゼロであるとき，連続培養と回分培養の生産性の比を求めよ。また，$t_l$, $t_r$, $t_p$ の和が何時間以上になると，生産性の比が 10 倍以上になるか。

▶**解答例**◀

(1) 式 (4.34), 式 (4.44) より

$$P_{\mathrm{XB}} = \frac{X_{\mathrm{f}} - X_0}{t_{\mathrm{b}}} = \frac{Y_{\mathrm{X/S}} S_0}{t_{\mathrm{l}} + t_{\mathrm{r}} + t_{\mathrm{p}} + \frac{1}{\mu} \ln \frac{X_{\mathrm{f}}}{X_0}}$$

$$P_{\mathrm{XC}} = DX$$

連続培養の場合は, 式 (4.42) より

$$X = Y_{\mathrm{X/S}}(S_{\mathrm{f}} - S) = Y_{\mathrm{X/S}} S_{\mathrm{f}}$$

よって

$$P_{\mathrm{XC}} = D Y_{\mathrm{X/S}} S_{\mathrm{f}}$$

$$\frac{P_{\mathrm{XC}}}{P_{\mathrm{XB}}} = \frac{D Y_{\mathrm{X/S}} S_{\mathrm{f}}}{\dfrac{Y_{\mathrm{X/S}} S_0}{t_{\mathrm{l}} + t_{\mathrm{r}} + t_{\mathrm{p}} + \dfrac{1}{\mu} \ln \dfrac{X_{\mathrm{f}}}{X_0}}}$$

$D = \mu = \mu_{\mathrm{m}}$ より

$$\frac{P_{\mathrm{XC}}}{P_{\mathrm{XB}}} = \mu_{\mathrm{m}}(t_{\mathrm{l}} + t_{\mathrm{r}} + t_{\mathrm{p}}) + \ln \frac{X_{\mathrm{f}}}{X_0}$$

と導ける。

(2) 各数値を (1) で導いた式に代入すると

$$\frac{P_{\mathrm{XC}}}{P_{\mathrm{XB}}} = 0.80 \times (0 + 0 + 0) + \ln \frac{10}{0.5}$$

$$= 2.995\cdots$$

よって, 生産性の比は 3.0 となる。

$$\frac{P_{\mathrm{XC}}}{P_{\mathrm{XB}}} = \mu_{\mathrm{m}}(t_{\mathrm{l}} + t_{\mathrm{r}} + t_{\mathrm{p}}) + \ln \frac{10}{0.5} \geq 10$$

$$0.8(t_{\mathrm{l}} + t_{\mathrm{r}} + t_{\mathrm{p}}) \geq 7.0$$

$$t_{\mathrm{l}} + t_{\mathrm{r}} + t_{\mathrm{p}} \geq 8.75$$

よって, 生産性の比が 10 倍以上となるのは, $t_{\mathrm{l}} + t_{\mathrm{r}} + t_{\mathrm{p}}$ が 8 時間 45 分かかる場合となる。

# 5 バイオプロセスにおける単位操作

## 5.1 バイオリアクターにおける殺菌・除菌

　生産規模の培養操作では，数千リットルの液体培地と数百万リットルの空気を無菌の状態で用意しなくてはいけない。また，連続培養操作においては，原料液を雑菌汚染のない状態で供給し続けなければいけない。一般的にバイオリアクターや培養液の殺菌には加熱が用いられ，空気の除菌にはフィルターろ過が用いられることが多い。

　最終的に残存する生菌数を0にするのが理想であるが，雑菌の性質や操作の不確定な要因により，これを保障することは難しい。このため，殺菌操作が成功したか否かを確率的事象として扱うのが実際的である。殺菌確率99.9 %（0.999）とは，1000回の殺菌操作のうち999回は生菌数を0にできるが，1回は生菌数が1個以上残ることを意味する。

　ここでは，汎用される加熱殺菌について，殺菌中の微生物の死滅挙動とともに殺菌装置の設計・操作について学ぶ。

### 5.1.1 殺菌速度論

　一つの菌が加熱により死滅する確率が一定であるとすると，殺菌速度 $-r_\mathrm{N}$ は，生菌数 $N$ に対する一次反応として殺菌速度定数 $k_\mathrm{d}$ を用いて次式のように表される。

$$-r_\mathrm{N} = -\frac{dN}{dt} = k_\mathrm{d} N \tag{5.1}$$

　ここで，式(5.1)を変数分離し，境界条件

$$\begin{cases} t=0 \text{ において } N=N_0 \\ t=t \text{ において } N=N \end{cases}$$

を用いて積分すると

$$\int_{N_0}^{N} \frac{1}{N} \,dX = \ln \frac{N}{N_0} = -\int_{0}^{t} k_\mathrm{d}\,dt \tag{5.2}$$

ここで，殺菌速度定数 $k_\mathrm{d}$ は時間によらず一定とすると

$$\frac{N}{N_0} = e^{-k_\mathrm{d} t} \tag{5.3}$$

一般に，殺菌速度定数 $k_\mathrm{d}$ は温度によって変化することが知られており，その温度依存性は次に示すアレニウスの式で表現できる．

$$k_\mathrm{d} = A e^{-\frac{\Delta E}{RT}} \tag{5.4}$$

ここで，$A$ は頻度因子，$\Delta E$ は活性化エネルギー，$R$ は気体定数，$T$ は絶対温度である．

---

**問題 5.1　加熱時の操作はどうすればよいか？**

種々の温度にて細菌の加熱殺菌を行ったところ，**表 5.1** の結果を得た．以下の問に答えよ．

（1）　細胞の熱による死滅の活性化エネルギー $\Delta E$ を求めよ．

（2）　温度が 100 ℃ のときの死滅速度定数 $k_\mathrm{d}$ を求めよ．

（3）　100 ℃ で殺菌したときに，99 % の細胞を殺すのに必要な時間 $t$ を求めよ．

**表 5.1**　種々の温度で殺菌したときの生細胞数の経時変化

| 殺菌時間 $t$ [min] | 生菌数 $N$ | | |
|---|---|---|---|
| | 90 ℃ | 110 ℃ | 120 ℃ |
| 0.0 | $2.40 \times 10^9$ | $2.40 \times 10^9$ | $2.40 \times 10^9$ |
| 0.5 | — | $1.08 \times 10^9$ | $2.05 \times 10^7$ |
| 1.0 | $2.30 \times 10^9$ | $4.80 \times 10^8$ | $1.75 \times 10^5$ |
| 2.0 | $2.21 \times 10^9$ | $9.85 \times 10^7$ | — |
| 3.0 | $2.17 \times 10^9$ | $2.01 \times 10^7$ | — |
| 4.0 | $2.12 \times 10^9$ | $4.41 \times 10^6$ | — |
| 6.0 | $1.95 \times 10^9$ | — | — |

〔出典：P. M. Doran, Bioprocess Engineering Principles, — Second Edition, Academic Press（2013）より改変〕

▶解答例◀

（1）表5.1のデータから生残率 $N/N_0$ を計算し，殺菌時間 $t$ に対して片対数プロットする（**図5.1**）。図5.1にプロットされたデータに対して式（5.3）をあてはめることにより，$k_d$ を各温度について求める。

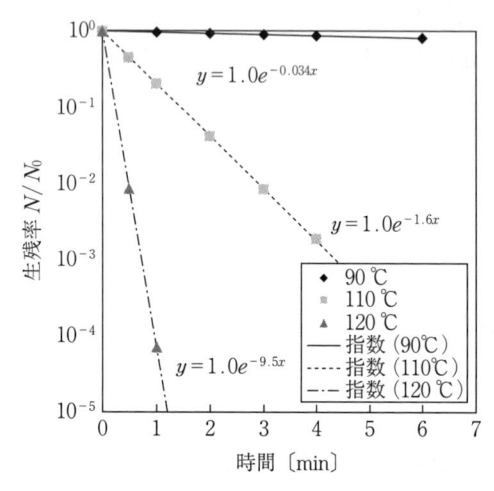

**図5.1** 加熱殺菌中の生残率 $N/N_0$ の経時変化

得られた $k_d$ を絶対温度の逆数（$1/T$）に対して片対数プロット（アレニウスプロット）する（**図5.2**）。図5.2にプロットされたデータに対して式（5.4）をあてはめることにより，$-\Delta E/R = -27030$ K およ

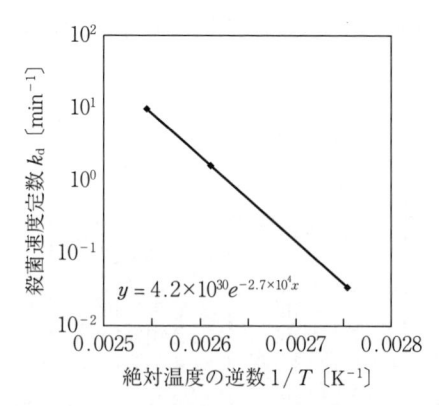

**図5.2** 殺菌速度定数 $k_d$ のアレニウスプロット

び，$A = 5.5 \times 10^{30} \, \text{min}^{-1}$ が得られた。よって，$R = 8.314 \, \text{J K}^{-1} \, \text{mol}^{-1}$ より，活性化エネルギー $\Delta E$ は

$$\Delta E = 2.3 \times 10^5 \, \text{J mol}^{-1}$$

（2） 式 (5.4) に対して，$A = 5.5 \times 10^{30} \, \text{min}^{-1}$，$T = 373 \, \text{K}$，$E/R = 27030$ を代入して，$k_d = 0.22 \, \text{min}^{-1}$

（3） 式 (5.3) に対して，$N/N_0 = 0.01$，$k_d = 0.22 \, \text{min}^{-1}$ を代入して，$t = 21 \, \text{min}$ が求まる。

### 5.1.2 回分殺菌

回分滅菌では，液体培地をバイオリアクター内に仕込んだうえで，蒸気の直接吹込みや電気ヒーターにより加熱することが多い。回分滅菌における培地温度および生菌数の時間経過を**図** 5.3 に示す。培養槽が大きい場合などは，加熱開始後に滅菌温度まで到達するのに数時間を要する（加熱過程）。培地が所定の滅菌温度に到達した時点で数分間その温度に保つ（保持過程）。その後，数時間をかけて冷却して培地を培養温度まで下げる（冷却過程）。雑菌の死滅は過熱・保持・冷却すべての過程で起こるが，特に保持過程で急激に減少する。

加熱過程（$t = 0 \to t_1$ の期間に $N = N_0 \to N_1$ へと変化）では，時間とともに培地温度 $T$ は上昇する。すなわち，加熱時間とともに $k_d$ も変化（上昇）する。よって，式 (5.2) および式 (5.4) より，加熱過程では以下の式が得られる。

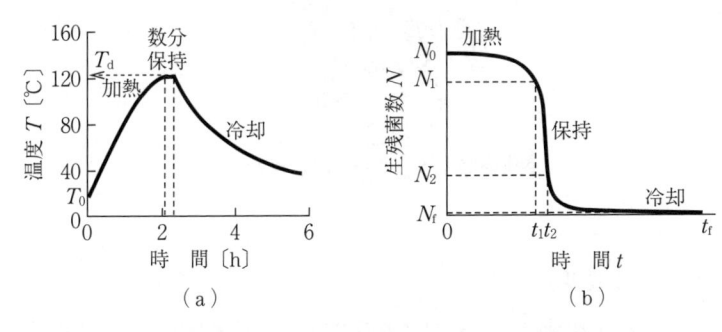

**図** 5.3 回分滅菌における培地温度および生菌数の時間経過
〔海野 肇ほか，新版 生物化学工学，講談社 (2004) より〕

$$\ln\frac{N_1}{N_0} = \int_0^{t_1} -k_\mathrm{d}(T)\mathrm{d}t = \int_0^{t_1} -Ae^{\frac{-\Delta E}{RT(t)}}\mathrm{d}t \tag{5.5}$$

保持過程（$t=t_1 \to t_2$ の期間に $N=N_1 \to N_2$ へと変化）では，時間によらず培地温度 $T=T_\mathrm{d}$ で一定である。すなわち $k_\mathrm{d}$ も一定である。よって，式 (5.2) および式 (5.4) より，保持過程では以下の式が得られる。

$$\ln\frac{N_2}{N_1} = \int_{t_1}^{t_2} -k_\mathrm{d}(T_\mathrm{d})\mathrm{d}t = -Ae^{\frac{-\Delta E}{RT_\mathrm{d}}}(t_2 - t_1) \tag{5.6}$$

冷却過程（$t=t_2 \to t_\mathrm{f}$ の期間に $N=N_2 \to N_\mathrm{f}$ へと変化）では，時間とともに培地温度 $T$ は下降する。すなわち，冷却時間とともに $k_\mathrm{d}$ も変化（低下）する。よって，式 (5.2) および式 (5.4) より，冷却過程では以下の式が得られる。

$$\ln\frac{N_\mathrm{f}}{N_2} = \int_{t_2}^{t_\mathrm{f}} -k_\mathrm{d}(T)\mathrm{d}t = \int_{t_2}^{t_\mathrm{f}} -Ae^{\frac{-\Delta E}{RT(t)}}\mathrm{d}t \tag{5.7}$$

加熱期間，冷却期間についての温度の経時変化 $T(t)$ を定式化することにより，式 (5.5) および式 (5.7) を数値計算で求めることができる。また，加熱・保持・冷却過程を含む回分殺菌の全過程（$t=0 \to t_\mathrm{f}$ の期間に $N=N_0 \to N_\mathrm{f}$ へと変化）では，以下の式が成り立つ。

$$\ln\frac{N_\mathrm{f}}{N_0} = \ln\frac{N_1}{N_0} + \ln\frac{N_2}{N_1} + \ln\frac{N_\mathrm{f}}{N_2} \tag{5.8}$$

### 問題 5.2　保持時間は？

25℃，10 m³ の培地を，伝熱コイルを備えたバイオリアクター内で 125℃ の飽和水蒸気を用いて滅菌したい。滅菌対象の培地中の細菌濃度は $3\times10^{12}$

個 m$^{-3}$ であり，殺菌確率を 99 % とする．滅菌操作は培地温度を 115 ℃ まで昇温してその状態を所定時間保持し，その後，伝熱コイルに 25 ℃ の冷却水を 20 m$^3$ h$^{-1}$ で流して培地温度を 40 ℃ まで冷却する．伝熱コイルによる加熱過程の温度 $T$ と時間 $t$ の関係は次式で表される．

$$T = T_H + (T_0 - T_H)e^{-\frac{U_H A}{CM}t} \tag{5.9}$$

$T_0$ と $T_H$ はそれぞれ初期温度と熱源の温度，$U$ は総括伝熱係数，$A$ は伝熱面積，$C$ は液体の比熱，$M$ は液体の質量である．また，伝熱コイルによる冷却過程の温度と時間の関係は次式で表される．

$$T = T_C + (T_0 - T_C)\exp\left[-\left\{1 - e^{\left(-\frac{U_C A}{F_M C}\right)}\right\}\frac{F_M}{M}t\right] \tag{5.10}$$

$T_C$ は冷却水の温度，$F_M$ は冷却水の質量流量である．伝熱コイルの伝熱面積を 40 m$^2$，加熱時および冷却時の平均総括伝達関数をそれぞれ 5500，2500 kJ h$^{-1}$ m$^{-2}$ K$^{-1}$，培地の比熱および密度をそれぞれ 4.19 kJ kg$^{-1}$ K$^{-1}$，1000 kg m$^{-3}$ として必要な保持時間を求めよ．なお，細菌の熱死滅速度定数はアレニウスの関係に従い，頻度因子 $A = 5.7 \times 10^{39}$ h$^{-1}$，活性化エネルギー $\Delta E = 2.83 \times 10^5$ J mol$^{-1}$，気体定数 $R = 8.314$ J K$^{-1}$ mol$^{-1}$ とする．

〔出典：海野 肇ほか，新版 生物化学工学，p.199，5-[1] 講談社サイエンティフィク（2004）〕

### ▶解答例◀

**1) 加熱過程** 　加熱過程における温度 $T$ の変化は，式 (5.9) に対して，熱源温度 $T_H = 398$ K，加熱開始温度 $T_0 = 298$ K，加熱時の平均総括伝熱関数 $U_H = 5500$ kJ h$^{-1}$ m$^2$ K$^{-1}$，伝熱面積 $A = 40$ m$^2$，培地の比熱 $C = 4.19$ kJ kg$^{-1}$ K$^{-1}$，培地の質量 $M = V\rho = 10$ m$^3 \times 1000$ kg m$^{-3} = 10000$ kg を代入して

$$T = 398 - 100e^{5.25t} \tag{5.11}$$

加熱過程 $t = 0$ h → $t_1$ h において，温度 $T = 298$ K → 388 K に変化することから，得られた式 (5.11) に対して $T = 388$ K，$t = t_1$〔h〕を代入して，加熱時間 $t_1 = 0.439$ h が得られる．そこで，式 (5.5) に対して加熱時間 $t_1 = 0.439$ h，$A = 5.7 \times 10^{39}$ h$^{-1}$，$\Delta E = 2.83 \times 10^5$ J mol$^{-1}$，$R = 8.314$ J K$^{-1}$ mol$^{-1}$，および式 (5.11) を代入すると次式が得られる．

$$\ln\frac{N_1}{N_0} = \int_0^{0.439} -5.7\times 10^{39} e\left[\frac{-2.83\times 10^5}{8.314\{398-100\exp(5.25t)\}}\right]dt \tag{5.12}$$

式 (5.12) を数値積分することにより

$$\ln\frac{N_1}{N_0} = -2.81 \tag{5.13}$$

**2) 保持過程** 保持過程における温度は $T_D = 388\,K$ で一定である。そこで式 (5.6) に対して，加熱時間 $A = 5.7\times 10^{39}\,h^{-1}$，$\Delta E = 2.83\times 10^5\,J\,mol^{-1}$，$R = 8.314\,J\,K^{-1}\,mol^{-1}$，$T_D = 388\,K$ を代入すると

$$\ln\frac{N_2}{N_1} = -45.2(t_2 - t_1) \tag{5.14}$$

**3) 冷却過程** 冷却過程における温度 $T$ の変化は式 (5.10) に対して，冷却水温度 $T_C = 298\,K$，冷却開始温度 $T_0 = 388\,K$，冷却時の平均総括伝熱関数 $U_C = 5500\,kJ\,h^{-1}\,m^{-2}\,K^{-1}$，伝熱面積 $A = 40\,m^2$，培地の比熱 $C = 4.19\,kJ\,kg^{-1}\,K^{-1}$，培地の質量 $M = 10000\,kg$，冷却水の質量流量 $F_M = F\rho = 20\,m^3\,h^{-1}\times 1000\,kg\,m^{-3} = 20000\,kg\,h^{-1}$ を代入して

$$T = 298 + 90e^{-1.86t} \tag{5.15}$$

冷却過程 $t = t_2\,[h] \to t_f\,[h]$ において，温度 $T = 388\,K \to 313\,K$ に変化することから得られた式 (5.15) に対して，$T = 313\,K$，$t = t_f - t_2\,[h]$ を代入して，冷却時間 $t_f - t_2 = 0.963\,h$ が得られる。そこで式 (5.7) に対して，冷却時間 $t_f - t_2 = 0.963\,h$，$A = 5.7\times 10^{39}\,h^{-1}$，$\Delta E = 2.83\times 10^5\,J\,mol^{-1}$，$R = 8.314\,J\,K^{-1}\,mol^{-1}$ および式 (5.15) を代入すると次式が得られる。

$$\ln\frac{N_f}{N_2} = \int_0^{0.963} -5.7\times 10^{39} e\left[\frac{-2.83\times 10^5}{8.314\{298+90\exp(-1.86t)\}}\right]dt \tag{5.16}$$

式 (5.16) の右辺を数値積分することにより

$$\ln\frac{N_f}{N_2} = -1.28 \tag{5.17}$$

**4) 全過程** 殺菌確率 99 % とは，殺菌操作において 1 個の微生物が残る確率が 1 % であることを意味する。本題では，$N_0 = 3\times 10^{12}$ 個 $m^{-3} \times 10\,m^3 = 3\times 10^{13}$ 個が $N_f = 1$ 個 × 1 % = 0.01 個になることを意味する。式 (5.8) に対して $N_f = 0.01$ 個，$N_0 = 3\times 10^{13}$ 個ならびに，式 (5.13)，(5.14) および式 (5.17) を代入すると，保持時間 $(t_2 - t_1) = 0.70\,h = 42\,min$ が得られる。

### 5.1.3 連続殺菌

連続殺菌では液体培地は管内を流れており，スチームの直接吹込みやスチームで過熱されたプレートを通じて培地を加熱する（プレート熱交換型連続殺菌装置）。連続滅菌における培地温度および生菌数の時間経過を**図**5.4 に示す。

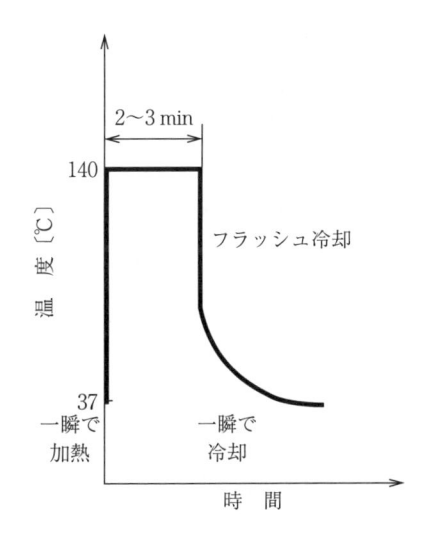

**図 5.4** 連続滅菌における培地温度および生菌数の時間経過〔小林　猛，本多裕之：生物化学工学，東京化学同人（2002）より〕

流入した培地は，ほぼ瞬間的に滅菌温度まで到達する（加熱部）。滅菌温度の保持時間は滞留管の管長さで調整できる（滞留部）。その後，フラッシュクーラーや熱交換器で冷却され培養温度まで下がる（冷却部）。加熱と冷却に要する時間は回分殺菌の場合と比べ短いため，殺菌は滞留部でのみ起こり，それ以外での死滅は考慮しなくてもよいことが多い。

連続殺菌装置の管内の流れ方向では，雑菌濃度は均一ではないが，管内部の微小体積 $dV$ については，式 (4.1) に従って物質収支をとることができる。理想的な押し出し流れの連続殺菌装置の管内では，生菌濃度 $N$ の培地が一定の流量 $F$ で微小体積 $dV$ へ流入し，濃度 $dN$ だけ変化した培地が同じ流量で流出する（図 4.4 参照）。ここで，定常状態では雑菌の蓄積速度はゼロであるから，式 (4.1) の左辺はゼロとなる。以上から，連続殺菌装置の管内部の生菌数についての物質収支式は以下で与えられる。

一つ一つ作るよりも連続で作ったほうがたくさんできる…

$$0 = FN - F(N + dN) + r_N dV \quad [\text{cells h}^{-1}] \tag{5.18}$$

この物質の収支式を変形すると以下の式が得られる。

$$\frac{dV}{F} = -\frac{1}{-r_N} dN \tag{5.19}$$

ここで，式 (5.19) を境界条件

$$\begin{cases} V = 0 & \text{において} \quad N = N_0 \\ V = V & \text{において} \quad N = N \end{cases}$$

を用いて積分することにより

$$\frac{1}{F}\int_0^V dV = -\int_{N_0}^N \frac{1}{-r_N} dN \tag{5.20}$$

また，平均滞留時間 $\bar{\tau}$ を

$$\bar{\tau} = \frac{V}{F} \tag{5.21}$$

を用いると，連続殺菌装置の設計方程式が以下のように得られる。

$$\bar{\tau} = -\int_{N_0}^N \frac{1}{-r_N} dN \tag{5.22}$$

ここで，殺菌速度 $(-r_N)$ は生菌数に対する一次反応として与えられる $(-r_N = k_D N)$ ことから，積分して整理すると，連続殺菌装置における平均滞留時間

$\bar{\tau}$ と生残率 $N/N_0$ との関係として次式が得られる。

$$\frac{N}{N_0} = e^{-k_d \bar{\tau}} \tag{5.23}$$

**問題 5.3　連続でどれぐらいで処理できる？**

ある微生物の胞子が 10 個 $L^{-1}$ 含まれる溶液 100 L を，内径 10 mm，滞留管長さ 10 m のプレート熱交換型連続殺菌装置で連続加熱殺菌する。殺菌温度は 130 ℃，加熱殺菌のための平均滞留時間は 99.9 ％の殺菌確率となる時間として設定するとき，この殺菌装置での処理速度 $F$〔L min$^{-1}$〕を求めよ。ただし，130 ℃におけるこの胞子の熱死滅速度定数は $k_d = 22.0$ min$^{-1}$ である。昇温・冷却にかかる時間は無視できるものとする。

**▶解答例◀**

殺菌確率 99.9 ％とは，殺菌操作において 1 個の微生物が残る確率が 0.1 ％であることを意味する。本題では，$N_0 = 10$ 個 $L^{-1} \times 100$ L $= 1000$ 個が $N = 1$ 個 $\times 0.1$ ％ $= 0.001$ 個になることを意味する。得られた式 (5.23) に対して $N = 0.001$ 個，$N_0 = 1000$ 個，$k_D = 22.0$ min$^{-1}$ を代入すると，$\bar{\tau} = 0.63$ min が得られる。

また，連続殺菌装置の

　　管体積 $(V)$ ＝ 管断面積 $(A)$ × 管長さ $(L)$

であるから

$$V = A \cdot L = \frac{\pi D^2}{4} L$$

$$= \frac{\pi (10 \times 10^{-3})^2}{4} \times 10$$

$$= 7.85 \times 10^{-4} \text{ m}^3$$

となる。よって，式 (5.21) に対して，$\bar{\tau} = 0.63$ min，$V = 7.85 \times 10^{-4}$ m$^3$，$L = 10$ m を代入すると，流量は，$F = 1.25 \times 10^{-3}$ m$^3$ min$^{-1}$ $= 1.25$ L min$^{-1}$ となる。

## 5.2 バイオリアクターにおける通気・撹拌

好気性微生物の培養で問題となるのが，酸素の供給方法である。開放系でシャーレを用いて寒天培地で培養する場合，微生物は培地上で増殖するので空気中の酸素を利用することができる。一方，パン製造時に使用するパン酵母など菌体自体を製品とする場合や，酵素，抗生物質生産など，好気条件を必要とする微生物を使用した有用物質の大量生産には深部液体培養が適している。

好気性微生物の深部培養を行うためには，当然，容器内の菌体すべてに十分な酸素を供給する必要がある。ところが，多くの従属栄養微生物の増殖基質であるグルコース1 molを呼吸により消費するためには，酸素分子を6 mol必要（$C_6H_{12}O_6 + 6 O_2 \rightarrow 6 CO_2 + 6 H_2O$）とするが，培地に溶け込む酸素の量は，37℃で7.53 ppmと非常に微量であり，液体培養では容易に酸素不足となる。そこで，どのようにしたら酸素を効率よく培養槽に，そして微生物に供給できるかが好気培養成功の鍵となる。

### 5.2.1 バイオリアクター内における酸素の移動現象

発酵槽内における酸素吸収は，気相から液相へ一方向に拡散する物質移動である。好気的微生物の反応器を設計する場合，**二重境膜説**（two-film theory）として知られる定常モデルがおもに適用される（**図**5.5）。図中の $C$ は培養液

## 5.2 バイオリアクターにおける通気・撹拌

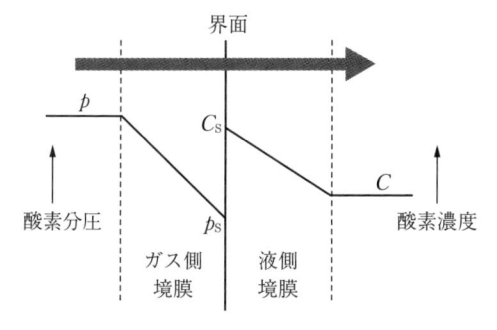

```
                   界面
        ─────────────┼──────────▶
        p           │
        ────┐       │Cₛ
            \       │
             \      │
              \     │          C
               \    │     ┌─────────
                \   │    /
                 \  │   /
                  \_│__/
   酸素分圧        pₛ             酸素濃度
            ┌────┬────┐
            │ガス側│液側 │
            │境膜 │境膜 │
```

**図 5.5** 酸素吸収における二重境膜モデル

中の実際の酸素濃度,$p$ は気相本体の酸素分圧,$p_S$,$C_S$ はそれぞれ界面での気相側酸素分圧および,それに平衡な液相側飽和酸素濃度である。

このモデルでは,1) 気液ともに本体内では酸素は主として対流により運ばれるが,界面に沿ってガス側と液側に乱れのない薄い境膜 (film) が存在し,酸素は両境膜内を分子分散のみで移動する,2) 両境膜内の濃度分布は時間によらず一定である,3) 界面では,気相中の分圧と液相中の濃度との間につねに平衡が成立し,そこには物質移動抵抗は存在しないことが仮定される。二重境膜説に基づき**酸素移動速度** (oxygen transfer rate, **OTR**) を導くと,以下のように表される。

$$OTR = \frac{dC}{dt} = K_L a(C_S - C) \approx k_L a(C_S - C) \tag{5.24}$$

ここで,$t$ は時間,$K_L$ は液濃度基準の総括物質移動係数,$k_L$ は液境膜物質移動係数,そして $a$ は単位容積当りの気液接触面積である。酸素のように難溶性の物質の場合は $K_L$ と $k_L$ はほぼ等しく,$K_L \approx k_L$ と考えうる。バイオリアクターの酸素供給性能はおもに $k_L$,および $a$ により決まるが,一般的に気液界面積の測定は困難であることが多いため,総括酸素移動容量係数 $k_L a$ としてまとめて測定される。

### 5.2.2 バイオリアクター内における酸素の収支

通気・撹拌により供給される酸素は,微生物により連続的に消費される。こ

のときの微生物による**酸素消費速度**（oxygen uptake rate, **OUR**）は，微生物の種類，および炭素源その他栄養源の種類，代謝産物の蓄積，そして酸素供給速度などのさまざまな環境因子により影響を受けるため，設定条件において酸素消費速度を測定する必要がある．$OUR$ は菌体濃度 $X$ と菌体単位重量当りの酸素消費速度 $q_{O_2}$ を用いて次式で表される．

$$OUR = q_{O_2} X \tag{5.25}$$

したがって，バイオリアクター内の培養液中の酸素の濃度変化は物質収支から式 (5.24) および式 (5.25) を用いて次式で表される．

$$\frac{dC}{dt} = OTR - OUR = k_L a (C_S - C) - q_{O_2} X \tag{5.26}$$

回分培養では $q_{O_2}$ と $X$ は時間とともに変化するので，$OUR$ は培養時間に依存するため，酸素濃度は酸素供給速度を菌体増殖に連動して制御しなければ非定常である．一方，連続培養 (4.2.2 項参照) の定常状態では，$X$ および $q_{O_2}$ は一定となるので，酸素供給速度と酸素消費速度が等しくなった時点 ($dC/dt=0$) で酸素濃度は一定となる．$q_{O_2}$ は，例えば，培養中の微生物をサンプリングし，適当に希釈し，容器に密閉し溶存酸素（DO）電極で DO の経時変化を追跡することにより測定できる．$q_{O_2}$ は使用菌株や培養条件によりかなり異なるが，0.05～0.5 g-$O_2$ g dry-cell$^{-1}$ h$^{-1}$ 程度といわれている．式 (5.26) を用いることにより，$k_L a$ を推算することができる．推算方法としては，亜硫酸酸化法，微生物を利用した動的測定法（ダイナミック法）などがある．

---

**問題 5.4** $q_{O_2}$, $k_L a$ の算出方法

回分培養中の $k_L a$ および $q_{O_2}$ の測定方法として動的測定法（dynamic method）がある．この方法は培養中，溶存酸素濃度（$C$）を測定しながら，ある時点で通気を一時的に停止するとともに，菌体の完全な懸濁状態を保つ程度に撹拌速度を下げ，$C$ が低下してから，ある時点で通気を再開するというものである．このときの $C$ の経時変化は**図 5.6** のようになる．

（1）通気停止 $t_0$ 以降，菌体以外の酸素吸収が無視できるとしたとき

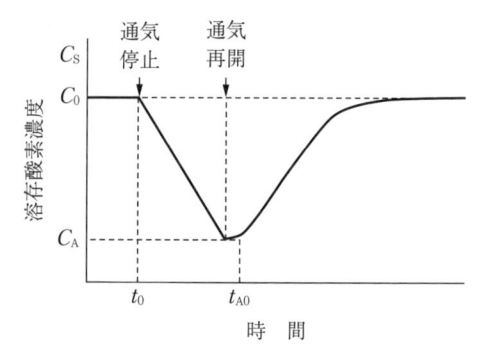

**図 5.6** 回分培養中の $k_La$ と $q_{O_2}$ を求めるための動的測定法

に，図 5.6 から $q_{O_2}$ を求める方法を述べよ．
（2）通気再開以降 $t$ 時間後の $[C]_t$ から，測定時間内で飽和酸素濃度 $C_S$ と $q_{O_2}X$ を定数とみなし，図 5.6 を用いて $k_La$ を求める方法を述べよ．

▶**解答例**◀
（1）酸素吸収がなければ，通気停止による溶存酸素濃度の低下は微生物の酸素吸収速度に等しいので，図 5.7 のように，直線的に DO が低下している $t_1$ から $t_2$ の区間における溶存酸素濃度 $C$ の変化から，式 (5.25) を用いて $q_{O_2}$ を計算する．

$$OUR = \frac{C_1 - C_2}{t_2 - t_1} = q_{O_2}X$$

ここで，菌体濃度 $X$ が既知であれば $q_{O_2}$ を計算できる．

（2）$C_S$ と $q_{O_2}X$ を定数とみなし，$t$ 時間後の式 (5.26) を積分すると

$$\ln\left(\frac{(C_S - q_{O_2}X/k_La) - C_A}{(C_S - q_{O_2}X/k_La) - [C]_t}\right) = k_La(t - t_{A0}) \tag{5.27}$$

通気停止直前の溶存酸素濃度を $C_0$ とすると，一般の回分培養では DO の変化は緩やかであり，定常状態近似が成立するので，$dC/dt = 0$ が成り立つ．したがって，式 (5.26) から

$$C_0 = C_S - \frac{q_{O_2}X}{k_La} \tag{5.28}$$

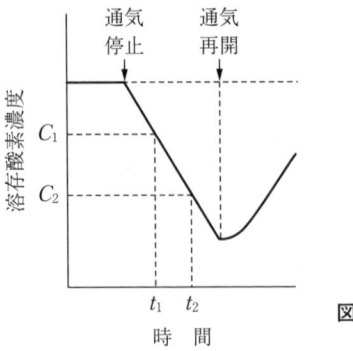

図5.7 （通気停止／通気再開、溶存酸素濃度 $C_1$, $C_2$、時間 $t_1$, $t_2$）

式 (5.28) を式 (5.27) に代入すると

$$\ln\left(\frac{C_0 - C_A}{C_0 - [C]_t}\right) = k_L a (t - t_{A0}) \tag{5.29}$$

$C_0 - C_A$, $t_{A0}$ は定数なので

$$\ln(C_0 - [C]_t) = -k_L a t + \ln(C_0 - C_A) + k_L a t_{A0} \tag{5.30}$$

すなわち，$C_0 - [C]_t$ 対 $t$ を片対数方眼紙上にプロットすれば，その傾きから $k_L a$ が計算できる。

### 5.2.3 培養槽の基本構成

好気培養では通気撹拌槽型リアクター（**図5.8**（a））のほかに，気泡塔型リアクターもしばしば用いられる（図（b）〜（e））。その原形は，単なる円筒状の塔へ，底部から空気を吹き込む形式であった（図（b））。しかし，これまでに種々の変形が報告されており，例えば，吹き込んだ空気による液流動をより効果的に行えるように，内部にドラフトチューブを設けたループ型リアクター（airlift loop reactor）（図（c）），同様の目的に加え，発酵熱を除去するための冷却器などを設置可能とするために，リアクター外部にドラフトチューブを設置した外部液循環方式（図（d）），さらには，培養液を循環ポンプで空気と混合し，ノズルから一気に噴射する噴射ループ型リアクター（jet loop reactor）（図（e））などが挙げられる。通気撹拌槽型リアクターと比較した場

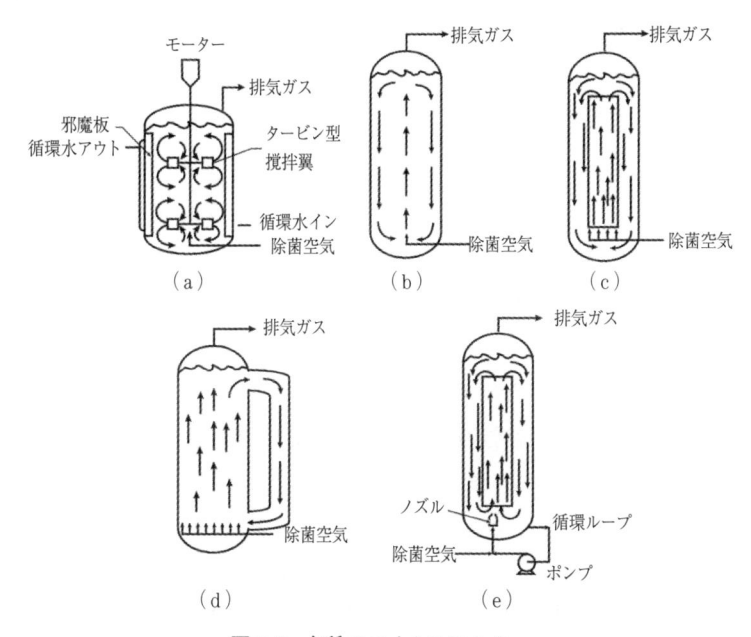

図 5.8　各種のバイオリアクター

合，一般的に気泡塔型は，単位液量当りの総投入動力に対して得られる $k_La$ が優れているのに加え，構造が単純なので建設費を抑えられ，雑菌汚染の原因となりやすい回転軸のメカニカルシールが不要であるなどの利点があることから，大型になるほど導入の効果は高い。

　酸素供給を効率化するためには，実験室での試験管や三角フラスコを用いた振とう培養でも，数千リットルの大型商用発酵槽でも考え方は同じであり，$k_La$ を大きくするか，気相と液相間での酸素濃度勾配を大きくすればよい。通常，酸素濃度勾配は装置自体の性能とは無関係なので，好気的微生物培養装置の性能を評価する場合，容量係数 $k_La$ が高いものほどよいとされる。ただし，商用発酵槽では運転コストを削減する必要があるために，加えて，1) 供給された酸素のうち微生物によって消費された割合である酸素利用率と，2) 酸素移動に要する動力を示す酸素移動効率も重要なファクターとなる。

### 5.2.4 酸素移動容量係数と操作条件の相関式

**(1) 気泡塔の場合**　エッケンフェルダー（Eckenfelder）は，機械撹拌を伴わない気泡塔内での液側酸素移動抵抗 $k_L$ に関して，液深の影響を考慮した実験式として次式を提示している．

$$\left(\frac{k_L d_B}{D_f}\right) H_L^{1/3} = \beta \left(\frac{d_B v_B \rho}{\mu}\right) \left(\frac{\mu}{\rho D_f}\right)^{1/2} \tag{5.31}$$

ここで，左辺第1項は気泡に関するシャーウッド数，右辺第1項はレイノルズ数，第2項はシュミット数である．また，$D_f$ 〔$m^2 h^{-1}$〕は拡散係数，$d_B$ 〔m〕は気泡直径，$H_L$ 〔m〕は液深，$v_B$ 〔$m s^{-1}$〕は気泡上昇速度，$\mu$ 〔$kg\,m^{-1}\,s^{-1}$〕は粘度，$\rho$ 〔$kg\,m^{-3}$〕は液密度である．

一方，液単位容積当りの気液界面積 $a$ について液深が大きい場合は，次式が成り立つ．

$$a \propto \frac{F H_L}{d_B v_B V} \tag{5.32}$$

したがって，酸素移動容量係数 $k_L a$ は次式で評価できる．

$$k_L a \propto \frac{F}{V} H_L^{2/3} \tag{5.33}$$

ここで，$F$ 〔$m^3 h^{-1}$〕は通気速度，$V$ 〔$m^3$〕は液容積である．この式は，気泡塔における酸素移動容量係数 $k_L a$ の相関式としてよく用いられる．また，通気撹拌槽における $k_L a$ を基準としたスケールアップの際に，通気量を決定するためにも使用できる．

---

**問題5.5　酸素供給の設計法**

機械撹拌を伴わない直径 50 cm，液深 2 m の小型気泡塔を用いて，ある微生物の物質生産を検討したところ，通気量 $10\,m^3\,h^{-1}$ のときに最大の物質生産が行われた．$k_L a$ を基準にして直径 2 m，液深 7 m の大型気泡塔を用いた場合の最適な通気量，および空塔速度を決定せよ．

## 5.2 バイオリアクターにおける通気・撹拌

▶解答例◀

小型気泡塔の通気量，液容積，液深をそれぞれ，$F_1$，$V_1$，$H_{L1}$，大型気泡塔については，$F_2$，$V_2$，$H_{L2}$ とすると，式 (5.33) より

$$k_L a \propto \frac{F_1}{V_1} H_{L1}^{2/3} = \frac{F_2}{V_2} H_{L2}^{2/3} \tag{5.34}$$

したがって，次式を用いて最適通気量を決定できる。

$$F_2 = F_1 \left(\frac{V_2}{V_1}\right)\left(\frac{H_{L1}}{H_{L2}}\right)^{2/3} \tag{5.35}$$

小型気泡塔：

$$F_1 = 10 \text{ m}^3 \text{ h}^{-1}$$

$$V_1 = \pi \left(\frac{0.5}{2}\right)^2 \times 2 = 0.393 \text{ m}^3$$

$$H_{L1} = 2 \text{ m}$$

大型気泡塔：

$$V_2 = \pi \left(\frac{2}{2}\right)^2 \times 7 = 22.0 \text{ m}^3$$

$$H_{L2} = 7 \text{ m}$$

よって

$$F_2 = F_1 \left(\frac{V_2}{V_1}\right)\left(\frac{H_{L1}}{H_{L2}}\right)^{2/3} = 10\left(\frac{22.0}{0.393}\right)\left(\frac{2}{7}\right)^{2/3} = 243 \text{ m}^3 \text{ h}^{-1}$$

得られた通気量 $F_2$ を発酵槽断面積で除することにより，大型発酵槽の空塔速度 $V_S$ を決定できる。

$$\text{空塔速度 } V_S = \frac{243}{\pi(2/2)^2} = 77.4 \text{ m h}^{-1}$$

（2）**通気撹拌槽の場合**　通気撹拌槽をスケールアップする場合，酸素移動容量係数と操作条件の関係，そして培養液の物性が酸素移動に影響を与える。クーパー（Cooper）らによると，亜硫酸ナトリウム溶液の酸化速度から求めた気体側酸素移動容量係数 $K_d$ [kmol h$^{-1}$ m$^{-3}$ atm$^{-1}$] と，空塔速度 $V_S$ [m h$^{-1}$] および単位容積当り通気条件下での撹拌所要動力（$P_g/V$）との関係は次式で示される。

$$K_d = K\left(\frac{P_g}{V}\right)^{0.95} V_S^{0.67} \tag{5.36}$$

ここで，$P_g$ は通気時に撹拌に必要な動力（HP：英馬力；1 HP = 745.7 W）である．定数 $K$ は撹拌翼として円板付片羽根タービンを用いた場合，0.0635 である．本式は，液深 $H_L$ と撹拌羽根の直径 $D_i$ の比，$H_L/D_i = 1$ のときに，$V_S$ が一段羽根で 90 m h$^{-1}$，二段羽根で 150 m h$^{-1}$ 以下で成り立つ．発酵槽の幾何的形状により $K$ の値は変わるが，実際の培養系において $k_L a$ を測定した場合でも，式 (5.36) に由来する

$$K_d = K'\left(\frac{P_g}{V}\right)^{\alpha} V_S^{\beta} \tag{5.37}$$

の関係（$K$, $\alpha$, $\beta$ は定数）が $K_d$ の代わりに $k_L a$ でも成立することが多く，酸素吸収に関する容量係数と操作条件（$P_g/V$, $V_S$）との関係を式化する際に使用できる．

通気撹拌系における酸素移動と操作条件の関係を式化するためには，リチャード（Richard）らが物質移動に関する次元解析を通気撹拌系に対して整理した次式を用いることもできる．

$$\left(\frac{k_L D_i}{D_f}\right)\left(\frac{\mu}{\rho D_f}\right)^{\alpha} = C\left(\frac{D_i^2 N\rho}{\mu}\right)^{\beta} \tag{5.38}$$

ここで，$N$ は羽根回転数〔rpm〕であり，撹拌羽根の直径 $D_i$ を代表長さとすると，左辺第 1 項はシャーウッド数，左辺第 2 項はシュミット数，右辺第 1 項はレイノルズ数に対応する．

粘度 $\mu$，密度 $\rho$，拡散係数 $D_f$ が一定とすると

$$k_L D_i = CD_f\left(\frac{\mu}{\rho D_f}\right)^{-\alpha}\left(\frac{D_i^2 N\rho}{\mu}\right)^{\beta} = C'\left(\frac{D_i^2 N\rho}{\mu}\right)^{\beta} = C'Re^{\beta} \tag{5.39}$$

ここで

$$C' \equiv CD_f\left(\frac{\mu}{\rho D_f}\right)^{-\alpha}$$

液と粒子の間の物質移動の測定から $\beta = 0.4 \sim 0.6$ がわかっているので，仮

に $\beta = 0.5$ とすると

$$k_L D_i = C' \left( \frac{D_i^2 N \rho}{\mu} \right)^{0.5} \tag{5.40}$$

したがって

$$k_L = \frac{C'}{D_i} \left( \frac{D_i^2 N \rho}{\mu} \right)^{0.5} = \frac{C'}{D_i} \left( \frac{D_i^2 \rho}{\mu} \right)^{0.5} N^{0.5} = C'' N^{0.5} \tag{5.41}$$

ここで

$$C'' \equiv \frac{C'}{D_i} \left( \frac{D_i^2 \rho}{\mu} \right)^{0.5}$$

カルダーバンク（Calderbank）らによると，気液接触面積については次式で示される．

$$a = C_1 \left( \frac{(P_g/V)^{0.4} \rho^{0.2}}{\sigma} \right) \left( \frac{V_S}{v_B} \right)^{0.5} \tag{5.42}$$

ここで，$\sigma$ は表面張力である．式 (5.41) と式 (5.43) から，気泡上昇速度 $v_B$，表面張力 $\sigma$，培養液密度 $\rho$ が一定とすると

$$a = C_1' \left( \frac{P_g}{V} \right)^{0.4} V_S^{0.5} \tag{5.43}$$

式 (5.40) および式 (5.42) より次式が得られる．

$$k_L a = C_2 \left( \frac{P_g}{V} \right)^{0.4} V_S^{0.5} N^{0.5} \tag{5.44}$$

式 (5.44) も通気撹拌槽における液側酸素移動容量係数の相関式として，よく用いられる．

### 5.2.5 スケールアップ

微生物発酵により炭素源から有用物質を実用生産するまでには，通常，研究室にて振とう培養，ジャーファメンターで得られた実験結果をパイロット，生産用発酵槽へと順次規模を拡大する必要がある．これを**スケールアップ**と呼ぶ．スケールアップの目的は，研究室規模の装置で得られた結果を，最終的には実

生産装置でも得るための手法や技術を確立することにある。

可溶性基質の場合，嫌気性微生物培養用の発酵槽をスケールアップすることに大きな問題は生じない。一方，好気性微生物用発酵槽の完全なスケールアップは現時点においても不可能に近い。これは，たとえ幾何的に相似の培養槽を設計したとしても，同じ混合特性，同じ物質移動特性を示す操作条件を実現できないからである。通気撹拌槽のスケールアップに関係する変数とその量的関係を**表**5.2に示す。この表からわかるように，単位容積当りの所要動力（物質移動の程度），羽根の先端速度（せん断の程度），レイノルズ数（混合の程度）などの，培養特性に影響を及ぼすと考えられるいずれの因子を基準にしても，他の因子の値は同一にはならない。

**表**5.2 通気撹拌槽のスケールアップにおける変数の量的関係

| 変 数 | 小型槽（20 L） | 大型発酵槽（2.5 kL） | | | |
|---|---|---|---|---|---|
| 撹拌動力 $P$ | 1 | 125 | 3125 | 25 | 0.2 |
| 単位容積当りの動力 $P/V$ | 1 | 1 | 25 | 0.2 | 0.0016 |
| 撹拌回転数 $N$ | 1 | 0.34 | 1 | 0.2 | 0.04 |
| 代表寸法(培養槽の直径)$D_i$ | 1 | 5 | 5 | 5 | 5 |
| 槽内の液循環速度 $Q$ | 1 | 42.5 | 125 | 25 | 5 |
| 槽内の液循環回数 $Q/V$ | 1 | 0.34 | 1 | 0.2 | 0.04 |
| 羽根の先端速度 $D_iN$ | 1 | 1.7 | 5 | 1 | 0.2 |
| レイノルズ数 $D_i^2N\rho/\mu$ | 1 | 8.5 | 25 | 5 | 1 |

したがって，スケールアップに際しては，どの因子を基準にとるかは個々の事例に応じて決める必要がある。好気性微生物発酵槽をスケールアップするときに一定とすべき代表的な指標には以下のものがある。

① 酸素移動速度（$k_La$）
② 単位液量当りの消費動力（$P_g/V$）
③ 撹拌レイノルズ数（通気撹拌槽の場合）（$D_i^2N\rho_L/\mu_L$）
④ 混合時間
⑤ 撹拌羽根先端速度（$D_iN$）
⑥ 溶存酸素濃度

好気的培養においては，最も律速段階になりやすい酸素移動速度を基準とし

てスケールアップすることが多い。これは，スケールが異なっていても酸素移動速度を等しくしておけば，等しい発酵生産が期待できるとする考え方である。

### 5.2.6 酸素移動速度を指標としたスケールアップの手順
酸素移動速度を基準としたスケールアップの手順の一例を以下に述べる。
（1）　ベンチスケール実験での検討
　　（ア）　酸素移動容量係数と操作条件（$P_g/V$，$V_S$，$N$など）との関係をベンチスケールの発酵槽について実験式を得る。その際，式 (5.37) または式 (5.44) などを使うことができる。また，可能であれば容量の異なる2系列以上の発酵槽について定式化しておくほうがよい。ここでは，式 (5.37) を使い，定式化する場合の例を示す。

$$K_d = K' \left(\frac{P_g}{V}\right)^\alpha V_S^\beta \tag{5.37}$$

　　（イ）　ベンチスケールで酸素吸収速度と発酵収率の関係を明らかにし，発酵収率を維持するために制御すべき酸素吸収速度範囲を明確にする。
（2）　大型発酵槽の操作条件の決定
　　ここでは，ベンチスケール実験で得られた最適な酸素吸収速度となるように，大型発酵槽の操作条件を決定する。
　　（ア）　式 (5.37) で整理した気体側酸素移動容量係数 $K_d$〔kmol h$^{-1}$ m$^{-3}$ atm$^{-1}$〕から酸素移動速度〔kmol h$^{-1}$ m$^{-3}$〕を求めるには，気体にかかる圧力 $P$〔atm〕を $K_d$ に乗ずればよい。しかし，小型発酵槽

では，この圧力はほぼ大気圧に等しいが，大容量の発酵槽で底部から通気を行う場合，培養液の高さによる圧力差を無視できない。その場合は，気体圧力を入口側と出口側の平均値 $P^*$ を用いる。したがって，ベンチスケール発酵槽（添字1）とスケールアップされた大型発酵槽（添字2）の酸素移動速度を同じにするためには次式を用いる。

$$K_{d1}P_1^* = K_{d2}P_2^* \tag{5.45}$$

したがって，大型発酵槽の酸素移動容量係数は

$$K_{d2} = \frac{P_1^*}{P_2^*} K_{d1} \tag{5.46}$$

（イ）次に式(5.37)から，通気撹拌動力 $P_g$ と空塔速度 $V_S$ の二つを操作することで，式(5.45)を満足する大型発酵槽の $K_d$ を求めることになるが，操作パラメータが二つなので，この式だけでは操作条件を一義的に決めることができない。そこで，まずは気泡塔での式(5.33)を使って，機械撹拌がない場合でも同程度の酸素移動速度が期待できる通気量（vvm）を求める。

$$k_L a \propto \frac{F_1}{V_1} H_{L1}^{2/3} = \frac{F_2}{V_2} H_{L2}^{2/3} \tag{5.47}$$

$$F_2 = F_1 \left(\frac{V_2}{V_1}\right)\left(\frac{H_{L1}}{H_{L2}}\right)^{2/3} \tag{5.48}$$

なお，式(5.37)を用いる場合は $V_S$ の最大値は $120 \sim 150 \, \mathrm{m \, h^{-1}}$ とする。得られた通気量 $F_2$ を発酵槽断面積で除することにより，大型発酵槽の空塔速度 $V_S$ を決定できる。

（ウ）式(5.37)に式(5.46)で求められた $K_d$ 値と式(5.48)で求められた $V_S$ 値を代入すれば，$P_g/V$ を計算できる。培養液容量 $V$ はわかっているので，通気下の撹拌所要動力 $P_g$ は容易に求められる。

（エ）求められた $P_g$ を達成するために必要な撹拌羽根の撹拌回転数および（無通気条件での）撹拌所要動力 $P$ は，次のような実験式を用

いて求めることができる。

$$N_p = \frac{Pg_c}{N^3 D_i^5 \rho} = 6n_i \tag{5.49}$$

$$P_g = C\left(\frac{P^2 N D_i^3}{F^{0.56}}\right)^{0.45} \tag{5.50}$$

ここで，$N_p$ は動力数と呼ばれ，$n_i$ は撹拌羽根の段数，$g_c$ は重力換算係数（9.81 m s$^{-2}$）である。係数 $C$ は $P$ および $P_g$ が HP（英馬力），$N$ が s$^{-1}$，$D_i$ が m，$F$ が m$^3$ s$^{-1}$ のとき，0.5 〜 0.8 である。

---

**問題 5.6　スケールアップの計算例**

二段の円板付き片羽根タービン（羽根直径 $D_{i1} = (1/3)D_{t1}$）を有する 30 L 発酵槽を用いて，ある微生物の発酵試験を行った。その結果，最適条件として，発酵槽液量 $V_1 = 18$ L，$(F_1/V_1) = 2.2$ L min$^{-1}$，酸素移動速度 $K_{d1}P_1$ = 200 mmol-O$_2$ L$^{-1}$ h$^{-1}$（亜硫酸酸化法），液深 $H_{L1} = 1.2 D_{t1}$（$D_{t1}$ は 30 L 発酵槽の直径）が得られた。この結果をもとにして，幾何的に相似な 10 m$^3$ 大型発酵槽を設計し，酸素移動速度基準でスケールアップし，通気時の所要撹拌動力 $P_g$，および羽根回転数を求めよ。ただし，発酵液の密度は 1050 kg m$^{-3}$，発酵液の仕込み容積は発酵槽容積の 60 %，発酵槽の酸素移動容量係数 $K_d$ は式（5.36）に従うものとする。

〔出典：合葉修一ほか，生物化学工学，東京大学出版会（1972）より一部改変〕

---

▶解答例◀

（1）まずは，小型発酵槽と相似になるように大型発酵槽の形状を決める。
　　30 L の発酵槽の直径および液深は

$$V_1 = \frac{\pi}{4}D_{t1}^2 H_{L1} = \frac{\pi}{4}D_{t1}^2 (1.2 D_{t1}) = 1.2 \frac{\pi}{4}D_{t1}^3$$

より

$$D_{t1} = \left(\frac{V_1}{1.2 \times (\pi/4)}\right)^{1/3} = \left(\frac{(30/1000) \times 0.6}{1.2 \times (\pi/4)}\right)^{1/3}$$

$$= 0.267 \text{ m} = 26.7 \text{ cm}$$

$$H_{L1} = 1.2\, D_{t1} = 1.2 \times 0.267 = 0.32 \text{ m} = 32 \text{ cm}$$

撹拌タービンの直径 $D_{i1} = \dfrac{1}{3} \times 26.7 = 8.9 \text{ cm}$

大型発酵槽の直径 $D_{t2}$, 液深 $H_{L2}$, 撹拌タービンの直径も同様に求める。

$$D_{t2} = \left(\dfrac{V_2}{1.2 \times (\pi/4)}\right)^{1/3} = \left(\dfrac{10 \times 0.6}{1.2 \times (\pi/4)}\right)^{1/3} = 1.85 \text{ m}$$

$$H_{L2} = 1.2\, D_{t2} = 1.2 \times 1.85 = 2.22 \text{ m}$$

$$D_{i2} = \dfrac{1}{3} \times 2.22 = 0.62 \text{ m}$$

(2) 酸素移動速度基準でスケールアップするので，式 (5.45) を用いて大型発酵槽の酸素移動容量係数 $K_{d2}$ を決める。

$$K_{d1} P_1 = K_{d2} P_2^* = 200 \text{ mmol-O}_2 \text{ L}^{-1} \text{ h}^{-1}$$

ここで，小型発酵槽の酸素分圧は大気圧として $P_1 = 0.21$ atm, 一方, 大型発酵槽の酸素分圧 $P_2$ は入口側と出口側の平均をとって

$$P_2^* = \dfrac{(入口側空気圧力)+(出口側空気圧力)}{2} \times (空気中の酸素分圧)$$

$$= \dfrac{1 + (1 + H_{L2}/10.3)}{2} \times 0.21$$

$$= \dfrac{1 + (1 + 2.22/10.3)}{2} \times 0.21 = 0.233 \text{ atm}$$

したがって

$$K_{d2} = \dfrac{200}{P_2^*} = \dfrac{200}{0.233} = 860 \text{ mmol-O}_2 \text{ L}^{-1} \text{ h}^{-1} \text{ atm}^{-1}$$

酸素移動容量係数は式 (5.36) にも従うので

$$K_{d2} = 0.0635 \left(\dfrac{P_{g2}}{V_2}\right)^{0.95} V_{S2}^{0.67} = 860 \text{ mmol-O}_2 \text{ L}^{-1} \text{ h}^{-1} \text{ atm}^{-1}$$

$$= 0.860 \text{ kmol-O}_2 \text{ m}^{-3} \text{ h}^{-1} \text{ atm}^{-1} \tag{5.51}$$

(3) 式 (5.51) から撹拌動力 $P_{g2}$ を計算するためには，空塔速度 $V_{S2}$ を設定する必要がある。このため，式 (5.48) を用いて通気量を決める。

## 5.2 バイオリアクターにおける通気・撹拌

$$F_1 = 2.2\,V_1 = 2.2 \times \frac{18}{1000} = 0.0396 \text{ m}^3 \text{ min}^{-1}$$

$$F_2 = F_1 \left(\frac{V_2}{V_1}\right)\left(\frac{H_{L1}}{H_{L2}}\right)^{2/3}$$

$$= 0.040 \left(\frac{6}{0.018}\right)\left(\frac{0.321}{2.22}\right)^{2/3}$$

$$= 3.7 \text{ m}^3 \text{ min}^{-1} = 220 \text{ m}^3 \text{ h}^{-1}$$

空塔速度 $V_{S2} = \dfrac{220}{\pi(1.85/2)^2} = 81.9 \text{ m h}^{-1}$

（4）式 (5.51) より，通気撹拌動力 $P_g$ を求める。

$$\frac{P_{g2}}{V_2} = \left(\frac{0.860}{0.0635} \times 81.9^{-0.67}\right)^{-0.95} = 1.39 \tag{5.52}$$

$P_{g2} = 1.39 \times 10 = 13.9 \text{ HP}$

（5）式 (5.49) および式 (5.50) より，通気撹拌動力羽根の回転数を求める。

発酵槽の羽根は二段なので，式 (5.49) より

$$\frac{Pg_c}{N^3 D_i^5 \rho} = 6(2) \quad (\text{HP：英馬力：} 1 \text{ HP} = 745.7 \text{ W})$$

$$P_2 = 12\frac{D_{i2}^5 \rho}{g_c} N_2^3 = 12\frac{D_{i2}^5 \rho}{g_c} N_2^3$$

$$= 12\frac{0.618^5 \times 1050}{9.81} N_2^3$$

$$= 116 N_2^3 \text{ kg m s}^{-1} = 1.52 N_2^3 \text{ HP}$$

一方，式 (5.50) から $C = 0.5$ とすると

$$P_{g2} = 0.5 \left(\frac{P_2^2 N_2 D_{i2}^3}{F_2^{0.56}}\right)^{0.45} = 0.5 \left(\frac{(1.52 N_2^3)^2 N_2 (0.618)^3}{(3.7/60)^{0.56}}\right)^{0.45}$$

$$= 0.5 \left(\frac{1.52^2 \times 0.618^3}{(3.7/60)^{0.56}}\right)^{0.45} \left(N_2^7\right)^{0.45}$$

$$= 0.770 N_2^{23.15} = 13.9$$

よって

$$N_2 = \left(\frac{13.9}{0.770}\right)^{1/3.15} = 2.5 \text{ s}^{-1} = 150 \text{ rpm}$$

## 5.3 バイオリアクターにおける計測と制御

微生物はpHや温度，溶存酸素濃度などの培養環境，炭素源や窒素源などの培地成分の濃度により，その増殖速度や生産物の生産速度が大きく変化する。したがって，生産物の生産速度を最適化するためには，増殖速度や生産物の生産速度に大きな影響を与える培養環境や培地成分濃度を計測し，適切に制御する必要がある。

### 5.3.1 培養槽内環境の計測

微生物を適切に培養するためには，微生物の増殖や代謝産物の生産に必要な環境を与えることが重要である。生物は，常温，常圧下，中性付近の水溶液中で活発に増殖する。したがって，この条件が保たれていることを確認するために，それぞれ温度，圧力，pHなどを計測する必要がある。さらに，好気性生物では溶存酸素濃度も重要な計測対象となる。表5.3にバイオプロセスにおいて一般的に計測される項目を示す。

表5.3 バイオプロセスにおける測定項目

| 分　類 | 測定項目 | 測定方法 |
|---|---|---|
| 基礎的計測値 | 温　度<br>圧　力<br>pH<br>撹拌速度<br>空気流量<br>液(泡)面 | 白金抵抗体など<br>ブルドン管など<br>ガラス電極<br>デジタル式速度計など<br>オリフィス，質量流量計など<br>電気式液(泡)面センサ |
| 培養経過をモニタリングするための計測値 | 溶存酸素<br>溶存炭酸ガス<br>出口酸素濃度<br>出口炭酸ガス濃度<br>グルコース濃度<br>生産物濃度 | ガルバニ電池式<br>隔膜/pH電極式<br>磁気式など<br>赤外線式など<br>酵素式<br>対象によりさまざまな方法 |
| 研究レベルでの計測値 | 細胞濃度<br>酸化還元電位<br>粘　度<br>発生熱量<br>撹拌トルク<br>全体重量 | 光学式<br>金属電極<br>振動式，回転式<br>熱量計<br>トルクメータ<br>ロードセル |

5.3 バイオリアクターにおける計測と制御   *125*

とりあえず，いっぱい測定すれば何とかなるかも…

### 5.3.2 制御の基礎

**（1） フィードバック制御**　　発酵槽内の温度，圧力，pHなどのさまざまな環境因子を計測できたとして，どのようにすればそれら環境因子を生物が快適に成育できる値に保つことができるだろうか。生物プロセスで最もよく用いられている方法は**フィードバック制御**である（図5.9）。

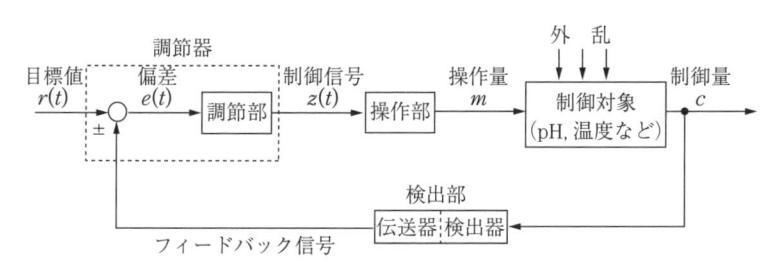

図5.9　フィードバック制御系のブロック線図

フィードバック制御は日常でありふれたものであり，例えば，ある部屋の温度を25℃に保とうとしたとき，温度計で温度を測り，計測値が25℃より高ければクーラーをオンにし，ヒーターをオフにする，逆に低ければクーラーをオフにし，ヒーターをオンにするのもフィードバック制御である。

フィードバック制御では，制御したいもの（pH，温度など）を$c$とし，バイオプロセスでの操作量（ポンプ流量，ヒーター加熱量など）を$m$とする。$c$

をある値 $r(t)$ に一致するように $m$ を変化させようとするとき，$c$ を制御量，$r(t)$ を目標値，$m$ を操作量，目標値と制御量の差を偏差 $e(t)$ と呼ぶ．

フィードバック制御では，まず，制御量を適当な計測器で検出する（検出部）．ついで，目標値と制御値を比較して偏差を求める．偏差は調節部に送られ，その程度に応じて操作量のとるべき値（制御信号 $z(t)$）を修正する．最後に，操作部で制御信号に基づいて実際の操作量 $m$ を実現し，制御対象を制御する．このようにフィードバック制御系における信号の流れを示したものはブロック線図と呼ばれる．

### 問題5.7　発酵槽の温度制御

撹拌型発酵槽に温度センサ，温度センサからの信号を受け，設定温度より低ければスイッチを ON，高くなれば OFF にする機能を持つ温度記録・調節装置，スイッチに接続された電気ヒーターを用いた温度制御装置を取り付けた．この温度制御システムの構成図を図示せよ．さらに，本システムを用いて温度制御を行った場合，温度は設定値に対しどのような挙動を示すか説明せよ．

▶解答例◀

図5.10 のようになる．ここでは，制御量は発酵槽に装着した温度計（測温抵抗体など）から出力される温度，検出部と調節部は温度記録・調節装置と本系では同じ装置内に組み込まれている．調節部で設定温度と測定温度とを比較し，スイッチの開閉を行う．この場合の制御信号は ON＝100 %，OFF＝0 %である．スイッチが ON により，ヒーターの電源が ON になり加温が行われる．このような方法を ON-OFF 制御といい，最も簡単なフィードバック制御である．

ON-OFF 制御による温度制御を行った場合，ヒーターは設定値で OFF になるが，ヒーターにはまだ熱が残っているので，しばらくの間，温度は上がり続ける．一方，設定温度を下回った場合はヒーターが ON になるが，ヒーターが暖まるまでには時間がかかるので，温度はしばらくの間は設定値よりも下がる．

これが繰り返されるため，単純な ON-OFF 制御では，温度は設定値に対して振動することになる．

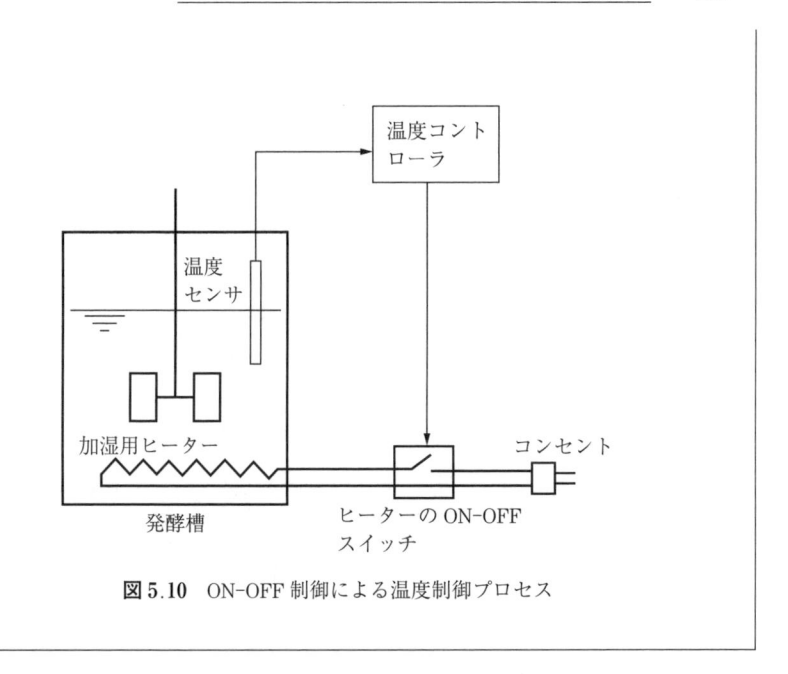

**図 5.10** ON-OFF 制御による温度制御プロセス

**（2） 比例(P)制御**　フィードバック制御では，偏差から，いかにして迅速に目標値に収束するように操作量を決めるかが重要である．例えば，発酵液 pH を 7.0（目標値）に制御したいとき，最も単純な方法としては，実際の発酵液 pH（制御量）と目標値の差をとり，その差の大きさに比例して，差が大きい場合には，添加量をより大きく，差が小さい場合には，より添加量を少なくするように，酸またはアルカリなどの pH 調整液の添加量を制御すればよい．このように，偏差に比例して操作量を変化させる操作を比例制御，あるいは P 動作（P は proportional の頭文字）といい，次式で表される．

$$z(t) = K_p e(t) + z_0 \tag{5.53}$$

ここで，$z_0$ は $e(t)=0$ のときにそれを維持するために必要な入力値である．

定数 $K_p$ は比例ゲインと呼ばれる．単純な比例制御の問題は，わずかの偏差でも制御信号が変動するために，目標値の周辺を制御量が細かく振動することである．このような状態では，ポンプやヒーターなど制御機器が頻繁に ON-OFF を繰り返すため，損傷を与えてしまう恐れがある．これを避けるために，

目標値近傍で比例制御を行わない不感帯を設ける場合も多い。ここで，pH制御を例として，酸添加ポンプとアルカリ添加ポンプの作動時間を制御して，pH 7に制御する方法を**図**5.11に示す。

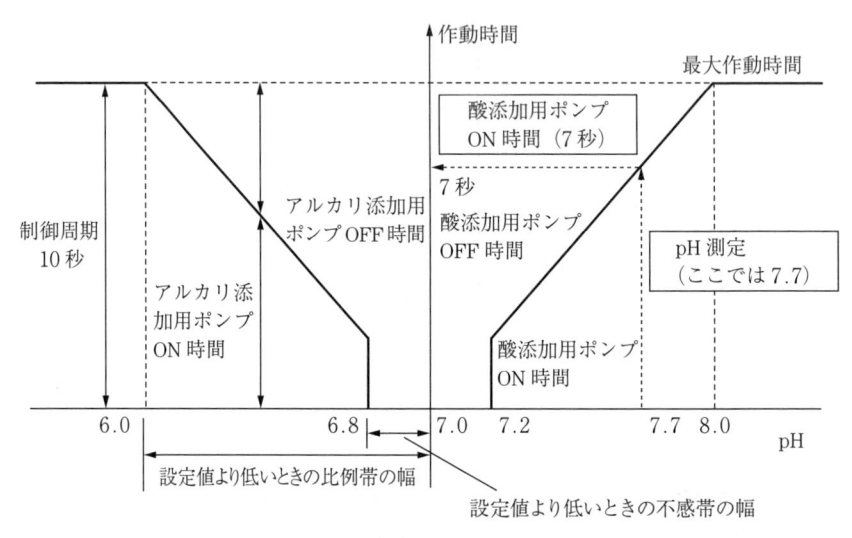

**図**5.11　不感帯を設けたpHの比例制御の例

実際に酸やアルカリの添加量を変えるのに，ポンプ自身の流量を変化させるのは難しい。そこで，この方法は流量の代わりに一定の間のポンプの作動時間を増やす・減らすことにより，添加量を変化させる手法である。ここでは，一定のポンプ作動周期（10秒）をON時間とOFF時間に分け，そのON時間を設定したpHと実際のpHとの偏差に比例させている。例えば，図5.11で，pHが7.7であれば，偏差は設定値より高いときの比例帯にあり，酸添加用ポンプのON時間は7秒，OFF時間は3秒となる。偏差が比例帯より大きくなれば連続的にON状態となり，ポンプは動き続ける。偏差が不感帯の範囲内（図5.11ではpHが6.8～7.2の間）に入ると，ポンプは完全にOFF状態になる。

**問題 5.8 大きくすると制御できない？**

研究室に設置した小型発酵槽の温度を，ヒーターの加熱制御を不感帯を設けた比例制御により設定温度に保つことができたので，同じ制御方法で屋外での大型発酵槽の制御を行おうとしたが，気温が低いときに設定温度に保つことができなかった。その理由を考えよ。

▶解答例◀

研究室は通常，ほぼ一定の室温条件で温度制御ができるので，制御パラメータを1回決めれば，つねに温度制御が可能である。一方，屋外では外気温は1日の中，または季節により大きく変動する。同じ温度で発酵槽を制御したとしても，外気温が変わると，発酵槽からの放熱量は変化する。特に外気温が低くなると，比例して放熱量が増大するため，研究室で決めた制御パラメータを用いたヒーター加温条件では熱量が足りなくなり，設定温度に到達できない場合がある。

車が運転できるならダンプだってできる？……

**（3） 比例-積分（PI）制御** 問題5.8でも説明したように，比例制御では比例ゲイン $K_p$ を変えない限り，出力値に対する入力値はつねに同じであるが，出力値が同じ場合でも，周囲の環境などによって入力値を変更する必要が生じる場合がある。例えば，有機排水処理に用いられるメタン発酵プラントの多く

は屋外に設置されるが，処理性能の高い高温メタン発酵法を採用した場合は，55℃に発酵液温度を維持しなければならない。ここで，外気温が25℃のときに55℃の到達する $K_p$ 値を使用して比例制御を行ったとしても，外気温は変動するので温度が低くなったときなど放熱の増大により，温度を制御できなくなる場合がある。また，たとえ外環境を同じにしたとしても，比例制御では，水温が設定温度に達した時点で偏差がゼロとなり，したがってヒーター出力もゼロになるが，実際には発酵槽からの放熱などにより水温は目標値より低くなる。これはヒーターの加熱量を大きくしてもなくならない。このようにして生じる出力値を目標値との差をオフセット（残留偏差）という（**図5.12**）。

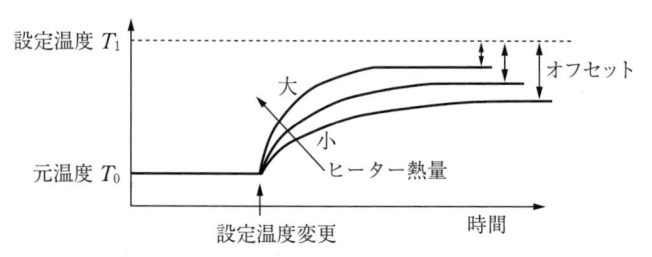

図5.12 ヒーター加熱による温度制御におけるオフセットの例

オフセットをなくすために，周囲の環境が変わるつどに最適の比例ゲインをいちいち変えることは難しい。そこで，以下のように，式 (5.53) に積分項を付け加える。

$$z(t) = K_p \left( e(t) + \frac{1}{T_i} \int_0^t e(t) \mathrm{d}t \right) + z_0 \tag{5.54}$$

ここで，$T_i$ は積分時間と呼ばれる。この項はオフセットが存在する場合，その偏差の時間積分に比例して入力値を変化させる。言い換えれば，偏差のある状態が長い時間続けば，それだけ入力値を大きくして目標値に近づけようとする役割を果たす。この動作を積分動作あるいはI動作（I は integral の略）という。このように，比例動作と積分動作を組み合わせた制御方法はPI制御という。

**問題 5.9　オフセットの解消**

PI 制御において，積分時間 $T_i$ を大きくしていくと，オフセットはどのようになるか説明せよ．

▶解答例◀

積分時間 $T_i$ を大きくすると，式 (5.54) から比例ゲイン $K_p$ の増加または減少に対する積分項の寄与が小さくなる．このため，積分時間 $T_i$ を大きくすると，オフセットを解消するために必要な時間が長くなり，$T_i$ を大きくしすぎるとオフセットは解消されなくなる．ただし，$T_i$ を小さくしすぎると小さなオフセットでも比例ゲイン $K_p$ の変動が大きくなるので，制御が不安定になる可能性がある．

**（4）比例-積分-微分（PID）制御**　定値制御を行う場合のもう一つの大きな問題点としては，周囲の環境が急に変化したり制御対象に撹乱が加わったりすることで，出力値が急に変動することがある．このような場合，PI 制御だと I 動作がある程度の時間が経過しないと働かないため，出力値を目標値に戻すために時間がかかる．そこで，式 (5.54) に，さらに以下のような微分項を付け加える．

$$z(t) = K_p \left( e(t) + \frac{1}{T_i} \int_o^t e(t)\mathrm{d}t + T_d \frac{\mathrm{d}e(t)}{\mathrm{d}t} \right) + z_o \tag{5.55}$$

ここで，比例定数 $T_d$ は微分時間と呼ばれる．この項は急激な出力値の変動が起こった場合，その変化の大きさに比例した入力を行うことで，その変化に対応しようとする役目を果たす．この動作を微分動作あるいは D 動作（D は derivative の略）という．式 (5.55) のように P 動作，I 動作，D 動作を組み合わせた制御方法を PID 制御という．この場合は，比例ゲイン $K_p$，積分時間 $T_i$，微分時間 $T_d$ のパラメータをあらかじめ予備実験を行って決定しておく必要がある．

なお，大部分のバイオプロセスでは，I 制御または PI 制御で pH，温度など

の基本的培養条件を十分制御可能であるが，糸状菌などの培養で，菌体増殖に伴って粘度などの発酵液特性が著しく変化する培養系における制御では，比例ゲイン $K_p$，積分時間 $T_i$，微分時間 $T_d$ の制御パラメータを時間とともに変化させるゲインスケジューリングを行う必要がある。

---

**問題 5.10　微分制御はあまり使われない？**

バイオプロセス制御では，P 制御または PI 制御が多く用いられ，D 制御が用いられる場面は少ない。その理由を考察せよ。

**▶解答例◀**

バイオプロセスの多くは，一定環境中で急激な環境変化の少ない状態で操作されることが多い。また，生物反応自体が急激な変化を嫌い，定常状態に向かう性質を持っている。このため，制御を行う場合，設定値と異なる値で定常となった状況を修正するための I 制御は必要であるが，急激な変化に対応することを目的とした D 制御がバイオプロセスで活躍する場面はあまり多くない。

---

### 5.3.3　培養槽の計測・制御の実際

**（1）温度の計測・制御**　温度はバイオプロセスにおいて最も基本的かつ重要な測定項目である。発酵中に温度測定が不能となれば発酵結果に重大な影響を及ぼすため，培養液の測温には高い信頼性が求められる。このため，実験室で使うような水銀温度計などは用いられず，測温抵抗体やサーミスタなどの抵抗式温度センサが多く用いられる。

例として，測温抵抗体は金属の電気抵抗が温度と一定の関係にあることを利用した温度計である。金属のなかでも白金は抵抗と温度の関係が単純であり，空気中で酸化しないので安定した温度特性が得られる。また，国際規格も整備されており使いやすい。

室温以上での温度設定では，温度センサと，温度制御装置，ヒーターの組合

せによる ON-OFF または比例制御が多く用いられる。ヒーターの代わりに発酵槽外側にジャケットを付け，その中に温水を流すジャケット方式や，大型発酵槽では飽和水蒸気を直接発酵槽に投入し温度制御することも多い。

（2）**pH の計測・制御**　pH の計測には，おもにガラス電極が用いられている。これは，pH の異なる液がガラス薄膜を介して接触すると pH の差（水素イオンの濃度差）に応じて膜電位が生じることを利用している。基本的な pH 電極は，塩化銀電極を内蔵したガラス電極，参照電極とで構成されるが，pH は温度により変化するため，バイオプロセスには温度補償用にサーミスタなどの温度測定用電極を加えた3本の電極で構成されているものがおもに用いられる。

ガラス電極および参照電極には飽和に近い塩化カリウムなどの電解質が内部液として充填されている。参照電極には液絡部と呼ばれる，ガラス膜に小さな穴を開け，そこに多孔質セラミックスなど埋め込んである部分があり，参照電極内部と発酵液との拡散混合が起こりにくく，かつ電位差が生じないような工夫がなされている。原理上，pH を測定するためには，この液絡部が必ず発酵液中に浸される必要がある。現在の pH 電極は取扱いがしやすいように，これらの電極を一つにまとめた複合電極が用いられる。

pH 制御は，pH コントローラと酸またはアルカリの供給システムの組合せによる ON-OFF 制御がおもに用いられる。しかし，発酵槽が大型になると，酸またはアルカリが発酵槽全体にいきわたるのに時間遅れが生じて過剰に薬剤が添加される場合があるので，温度制御と同様，ON 動作中，遅れ時間を考慮して pH が平衡に達するまで一定時間添加を停止させるステップを設けるとよい。最近では，発酵槽内の撹拌混合を計算機シミュレーションすることにより，系内混合分布も予測可能となっている。

（3）**DO の計測・制御**　好気性微生物の培養では，溶存酸素濃度（DO）の制御が非常に重要である。DO 測定には通常，溶存酸素電極が用いられる。電極はテフロンなどの酸素透過性隔膜で発酵液と仕切られている。この隔膜に接触する形で白金などのカソード（陰極）が設置されており，電極内部には電

解液が充填されている。隔膜を透過した酸素分子はカソード表面で還元的に反応する。

$$\text{カソード反応}：O_2 + 2H_2O + 4e^- \rightarrow 4OH^- \tag{5.56}$$

そして，対極のアノード（陽極）との間の電流値を測定する。測定方式としては，ポーラログラフ式とガルバニ電池式に大別される。ポーラログラフ式はアノードに銀を，電解液に塩化カリウムを用い，アノード－カソード間に電圧をかけて酸素濃度に応じた電流値を検出する。一方，ガルバニ電池式はアノードに鉛やすずを，電解液にはKOHなどのアルカリ溶液を用いる。鉛を用いた場合のアノードでの反応は

$$\text{アノード反応}：2Pb \rightarrow 2Pb^+ + 4e^-$$
$$2Pb^+ + 4OH^- \rightarrow 2Pb(OH)_2$$
$$2Pb(OH)_2 + 2KOH \rightarrow 2KHPbO_2 + 2H_2O$$

ガルバニ電池式は電池なので，電圧印加が必要ない点がポーラログラフ式と根本的に異なる。また，隔膜を介した電極反応であるため，酸素の電極内への拡散に時間がかかり，測定値に遅れが生じることに注意すべきである。

DOセンサを用いてDOを制御する方法としては，DOが設定値を下回ると通気量を調節する電磁弁を徐々に開放する制御が多く用いられるが，これに加えて，発酵槽の撹拌機モータの回転速度を上昇させることにより酸素移動速度を上げてDO制御する方法も用いられる。

---

**問題 5.11　溶存酸素濃度測定**

室温で三角フラスコを用いて線虫を培養しようとした。室温で静置培養を行なったところ，あまり増殖がよくなく，酸素不足が懸念された。そこで培養液中にガラス焼結管を用いて通気するとともに，ガルバニ電池式溶存酸素センサを用いて溶存酸素濃度を測定した。その結果，増殖がよくなったものの，溶存酸素の測定結果では溶存酸素濃度がゆっくりと周期的に変動していることが示された。なぜこのような結果になったのか考察せよ。

▶解答例◀
室温で培養しているため,温度が変動している。ガルバニ電池式の溶存酸素センサは温度特性があるため,室温の日周変動により,溶存酸素濃度の測定値が変動していた。なお,通気することにより,十分に酸素供給が行われたために,増殖は良くなったと考えられる。

## 5.4 バイオプロダクトの分離・精製

### 5.4.1 はじめに

生物反応を用いたものつくりと化学反応を用いたものつくりの大きな違いの一つに,目的生産物がいったいどこのステップでできあがるか,という点がある。すなわち,化学反応では一連の化学反応の最後のステップで目的の生産物(化合物)が完成することが多いが,生物反応を用いたものつくり(**生物プロセス**,**バイオプロセス**)では,一連の工程の途中ですでに目的生産物が完成しており,これを分離精製するプロセスが大きなカギとなる場合が多い(**図5.13**)。

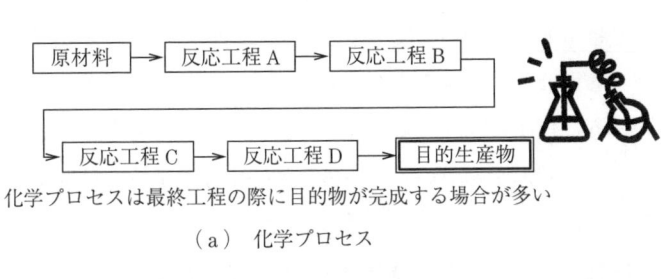

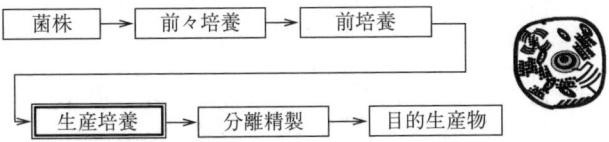

化学プロセスは最終工程の際に目的物が完成する場合が多い

(a) 化学プロセス

生物プロセスは生産培養の際に目的物が完成する場合が多い

(b) 生物プロセス

図5.13 化学プロセスと生物プロセス

これを受けて,生産物を生産するまでの工程をアップストリーム,それ以降の分離精製の工程をダウンストリームと呼んでいる。ダウンストリーム工程には分離精製のみならず,生産物の製品化工程や廃水処理などのさまざまな後工程も含まれるが,本節ではバイオプロダクトの分離精製の項目に絞って簡単におさらいをし,そのなかでも遠心分離プロセスを中心に演習問題を解説する。なお,生物反応における分離精製についてはさまざまな成書[1]〜[3]があるので,詳細はそちらを参考にしていただきたい。

### 5.4.2 遠心分離のおさらい

生物を用いて物質生産を行う場合,細胞内酵素を利用する場合を除いて,ほとんどの場合は生きた細胞を生産プロセスに利用する。この場合は,細胞自身とこれを培養した培地を分ける工程(回収工程)が必要となる。その後の工程(分離・精製工程)は,目的生産物が細胞そのもの,細胞内に生産されて蓄積されているもの,細胞から分泌されて培養液中に蓄積されているもの,によって方法が大きく異なる。そして,得られた生産物を製品とする製品化工程へと続く。特に回収工程において汎用されるのは,遠心分離である。以下では,粒子と液体を分ける原理について説明する。

粒子が静止した液体中にある場合を考える。わかりやすくたとえると,水の中に細胞のような粒子が存在する場合を考えよう。この場合,粒子は重力の影響を受けて,どんどん沈んでいく。一方,粒子には中学校で学習するアルキメデスの原理による浮力と,液体から受ける抵抗力により上昇する力がかかる。粒子は最終的にはこの反対方向の力が釣り合って,ある「一定の」速度(沈降速度)で,底に向かって沈んでいく[4]。生物プロセスにおける沈降や遠心分離においては,ほとんどの場合,粒子が小さいために,下記のように取り扱うことができる。

$$[一定の速度]\quad v_g = \frac{d_p^2(\rho_p - \rho)}{18\mu}g \tag{5.57}$$

ここでは,単純化のために,粒子は仮想的に球と考えている。$d_p$ は粒子の

直径, $\rho_p$ は粒子の密度, $\rho$ は液体の密度を表す。$\mu$ は液体の粘度である。そして最後の $g$ は重力加速度である。大きさの違いはあるものの, 細胞でもタンパク質でもほぼ同様に取り扱うことができる。遠心分離の場合は, この $g$ を遠心加速度 $r\omega^2$ ($r$ は回転半径, $\omega$ は角速度) に置き換えることにより表現できる。

[一定の速度] $$v_g = \frac{d_p^{\,2}(\rho_p - \rho)}{18\mu} r\omega^2 \tag{5.58}$$

さて, 重力の代わりに遠心力を用いると, 当然のことながら遠心力を大きくすることにより, 沈降が早くなり, さらに効率よく分離することが可能となる。最初に述べたように, 実際の細胞やタンパク質は球状の粒子ではないが, 球状と仮定した計算式が用いられている。また, 式 (5.58) では, 沈降している間の粒子どうしの干渉や凝集は考慮に入れていない。すなわち, 沈降する粒子が球状からかけ離れている場合や, 濃い粒子濃度, 粒子が凝集する場合には, 別途これらを考慮に入れる必要がある。

**相対遠心力**（相対遠心加速度, relative centrifugal force, RCF）とは, 通常単位として〔×$g$〕で表現され, 遠心力の強さを重力加速度の何倍かという観点から, わかりやすく表現している。また, **遠心効果**（centrifuge effect）$Z$ とは, $Z = r\omega/g$ と定義され, こちらを用いて表現される場合もある。

さて, 遠心分離機を用いて遠心をしているときに, この相対遠心力 $RCF$〔×$g$〕と, 回転速度 $N$〔rpm〕, さらにはローターの半径 $R$〔cm〕の間には, どのような関係が成り立っているのであろうか。

回転速度 $N$〔rpm〕とは，1分間に $N$ 回回転，すなわち角速度 $\omega$〔rad s$^{-1}$〕$=2\pi N/60$ となる．なお，rad（ラジアン）は角度を表す SI 単位で，360° は $2\pi$ rad になる．実際に遠心分離に用いるローターでは，沈降管の上部と下部で回転半径が異なってくるが，ここでは同じ $R$ であると考えておく．

したがって，遠心加速度 $r\omega^2$ は

$$r\omega^2 = R\left(\frac{2\pi N}{60}\right)^2$$

となる．では，この値は重力加速度の何倍になるのであろうか．重力加速度は，9.81 m s$^{-2}$ = 981 cm s$^{-2}$ である．したがって

$$RCF = \frac{R\left(\dfrac{2\pi N}{60}\right)^2}{981} = RN^2\left(\frac{2\pi}{60}\right)^2\frac{1}{981} = 1.12\times 10^{-5}RN^2$$

もしくは

$$N = \sqrt{\frac{1}{1.12\times 10^{-5}}\cdot\frac{RCF}{R}} = \sqrt{89456\frac{RCF}{R}} \approx 300\sqrt{\frac{RCF}{R}}$$

の関係が得られる．

さて，式 (5.57) を見ると，粒子が同じ（$d_p$ と $\rho_p$ が一定）で，用いている液体が同じ（$\rho$ と $\mu$ が一定）場合は，式 (5.57) の $\dfrac{d_p^{\,2}(\rho_P - \rho)}{18\mu}$ の項は一定になる．この項を**沈降係数** $S_d$ と呼び，値が大きいほど沈降しやすくなり，沈降のしやすさの目安として，粒子（タンパク質や核酸など）ごとにその値が求められている（通常は 20℃ の水中での値）．沈降係数 $S_d$ の単位は，通常 s（秒）となるが，単位として S（スヴェドベリ）もよく用いられる．この S は，ノーベル賞を受賞した Svedberg にちなんで設けられたものであり，1 S = $10^{-13}$ s である．

### 5.4.3　その他の分離手法

遠心分離以外にもさまざまな手法があり，対象とする物質の性質や目的によってさまざまに使い分けられている．**表 5.4** に分離に利用するさまざまな手段について示す．

## 5.4 バイオプロダクトの分離・精製

**表5.4 分離手法の例**

| 手法 | 分離に利用する対象物質の性質 | 具体例 |
|---|---|---|
| 膜分離 | 大きさ | 溶質の濃縮 |
| 透析，ゲルろ過クロマトグラフィ | 大きさ | 脱塩 |
| 遠心分離 | 沈降係数<br>(実際には式 (5.57) の $\dfrac{d_p^2(\rho_P-\rho)}{18\mu}$ の項になるので，対象物質の密度，大きさ，液体の密度と粘度も関連する) | 細胞の分離，タンパク質の分離 |
| 晶析 | 溶解度 | アミノ酸（例：グルタミン酸）の精製 |
| 逆相クロマトグラフィ | 極性 | タンパク質の精製 |

---

**問題 5.12　回転数と ×g の関係は？**

$R_{max} = 8$ cm のローターで $5000 \times g$ の遠心力を得るには，毎分何回転させればよいか。

▶解答例◀

回転速度 $N$〔rpm〕，ローターの半径 $R$〔cm〕，相対遠心力 $RCF$〔×g〕の間には，$N = 300\sqrt{RCF/R}$ の関係があるから

$$N = 300\sqrt{\frac{RCF}{R}} = 300\sqrt{\frac{5000}{8}} = 300 \times \sqrt{\frac{50^2}{2^2}}$$
$$= 300 \times 25 = 7500$$

答　7500 回転

$R$ の単位は cm，$N$ の単位は rpm であり，$RCF$ は重力加速度の何倍かを表していることに注意する。なお，設問が「毎分何回転させればよいか」なので，単位を rpm とするのは間違いである。

---

**問題 5.13　回転数だけでは同じ実験条件にならない？**

$R_{max} = 6$ cm のローターを 12000 rpm で回転させたとき，遠心力は何 $g$ か。また，$R_{max} = 9$ cm のローターを使った場合についても求めよ。

## ▶解答例◀

$$r\omega^2 = \frac{R}{100}\left(\frac{2\pi N}{60}\right)^2 = \frac{6}{100}\times\left(\frac{2\times 12000}{60}\pi\right)^2$$

$$= 9600\pi^2 \text{[m s}^{-2}\text{]} = \frac{9600}{9.81}\pi^2 \text{[}\times g\text{]}$$

$$\fallingdotseq 9.7\times 10^3 \text{[}\times g\text{]}$$

(**別解**:$12000 = 300\sqrt{RCF/6}$,$40 = \sqrt{RCF/6}$,$1600 = RCF/6$,したがって,$RCF = 9600\times g$)

単位の表記は,重力加速度 $g$ の何倍かを示すのだから,「$g$」ではなく「$\times g$」が正しい。「9600 RCF」と表記してもよい。

$R_{max} = 9$ cm のローターの場合は上記の式より

$$r\omega^2 = \frac{R}{100}\left(\frac{2\pi N}{60}\right)^2 = \frac{8}{100}\times\left(\frac{2\times 12000}{60}\pi\right)^2$$

$$= 14400\pi^2 \text{[m s}^{-2}\text{]} = \frac{14400}{9.81}\pi^2 \text{[}\times g\text{]}$$

$$\fallingdotseq 1.4\times 10^4 \text{[}\times g\text{]}$$

---

### 問題 5.14 危ない! 遠心分離操作には細心の注意を払おう

遠心分離機のローターのフタ(直径 10 cm)が 15000 rpm で回転中に外れてしまった。外れたフタは遠心分離機のチャンバー内をどれぐらいのスピードで走り回ることになるか(滑らないで転がると仮定して計算せよ)。

## ▶解答例◀

直径 10 cm の円の外周は $10\pi$ cm。これが毎分 15000 回転するから

$$10\times 15000\times 3.14 \text{ cm·min}^{-1} = \frac{10\times 15000}{60\times 100}\times 3.14$$

$$= 78.5 \text{ m s}^{-1}$$

$$= 282 \text{ km h}^{-1}$$

もし,回転中にローターのフタが外れたら,フタは新幹線なみの速さで遠心分離機のチャンバー内を走り回る(チャンバーの中はグチャグチャになってしまう)。

### 問題 5.15　タンパク質の分離にはどれぐらいの時間がかかる？

ある粒子の沈降係数を $S_d$ とすれば，角速度 $\omega$〔$s^{-1}$〕で遠心分離したとき，回転の中心から $r$〔m〕の地点における沈降速度 $v_C$〔$m\,s^{-1}$〕は，$v_C = S_d r \omega^2$ で与えられる。このとき次の問に答えよ。

（1）沈降係数 $S_d$ の単位を答えよ。

（2）この粒子を中心から $r_0$〔m〕〜 $r_0$〔m〕まで沈降させるのに要する時間 $t$〔s〕を求めよ（ヒント：$v_C = dr/dt$）。

（3）沈降係数 $S_d = 5\,s$ のタンパク質を 47800 rpm で遠心分離し，回転軸から 4 cm の距離から 8 cm の距離まで沈降させるのに要する時間を求めよ。ただし，$\ln 2 = 0.69$ とする。

▶解答例◀

（1）左辺の単位は $m\,s^{-1}$，右辺 $r\omega^2$ の単位は $m\,s^{-2}$ である。したがって，沈降係数 $S_d$ の単位は s となる。

（2）$$\frac{dr}{dt} = S_d r \omega^2$$

$$\frac{1}{r} dr = S_d \omega^2 dt$$

$$\ln r_1 - \ln r_0 = S_d \omega^2 t$$

$$t = \frac{1}{S_d \omega^2} \ln \frac{r_1}{r_o}$$

（3）$$t = \frac{1}{S_d \omega^2} \ln \frac{r_1}{r_0}$$

$$= \frac{1}{5 \times 10^{-13} \times (2\pi \times 47800/60)^2} \ln \frac{8}{4}$$

$$= \frac{1}{5 \times 10^{-13} \times 5000^2} \times 0.69$$

$$= 55200\,s \fallingdotseq 15\,h$$

わずか 4 cm を沈降させるのに半日以上かかる。

### 問題 5.16　実験室から産業規模へのスケールアップ

微生物懸濁液をアングルローターで遠心分離し，培養上清と微生物菌体に分ける。実験室で最大回転半径 4 cm のローター付き小型冷却遠心機を使って，10000 rpm で遠心分離が可能であった。100 L の培養槽で実証試験を行おうと計画しているが，ここで用いた小型冷却遠心機では，せいぜい 1 回に 2 L 程度の培養液しか遠心分離できない。そこで，これを最大遠心半径 15 cm の冷却連続遠心機で分離することを考える。

（1）　小型冷却遠心機の相対遠心加速度（RCF）を求めよ。

（2）　連続遠心機で分離する際の回転数をいくつにすればよいか。

▶解答例◀

（1）　下記の式に代入して RCF を計算する。

$$RCF = \frac{R\left(\dfrac{2\pi N}{60}\right)^2}{981}$$

$$= RN^2 \left(\frac{2\pi}{60}\right)^2 \frac{1}{981}$$

$$= 1.12 \times 10^{-5} RN^2$$

$$= 1.12 \times 10^{-5} \times 4 \times (10000)^2$$

$$= 4480 \; [\times g]$$

（2）　遠心半径 15 cm で $RCF$ を 4480 $[\times g]$ とする回転数を $N$ とすると，以下の式より

$$RCF = 4480 = 1.12 \times 10^{-5} \times 15 \times N^2$$

$$N^2 = \frac{4480}{1.12 \times 10^{-5} \times 15}$$

$$= 2.667 \times 10^7$$

∴　$N = 5164$ rpm

# 参 考 文 献

## 5.3 節
1) P. F. Stanbury and A. Whitaker：発酵工学の基礎 ―実験室から工場まで，学術センター（1988）
2) 岸本通雅ほか：新生物化学工学，三共出版（2008）
3) 田口久治，永井史郎 編：微生物培養工学，共立出版（1985）
4) 小林　猛，本多裕之：生物化学工学，東京化学同人（2002）
5) 山根恒夫：生物反応工学（第三版），産業図書（2002）
6) 種村公平：絵とき「生物化学工学」基礎のきそ，日刊工業新聞社（2010）
7) 合葉修一，永井史郎：生物化学工学 ―反応速度論―，科学出版社（1975）
8) 合葉修一 ほか：生物化学工学（第二版），東京大学出版会（1972）

## 5.4 節
1) 松野隆一ら：生物化学工学，朝倉書店（1996）
2) 古崎新太郎：バイオセパレーション，コロナ社（1993）
3) 中西一弘ら：生物分離工学，講談社サイエンティフィク（1997）
4) 丹治保典ら：生物化学工学 第3版，講談社（2011）

# 付　　録

　本書を作成するにあたり，国内および海外で出版された下記の生物化学工学に関する書籍を参考にした．すでに絶版の書籍もあるため，すべてを参照するのは難しいと思われるので，ここではそれぞれの内容について簡単に紹介したい．


**A．国内で出版された生物化学工学関連教科書**（本書執筆後に出版・改訂されたものも参考のために掲載）

1) 生物化学工学の基礎

　　松井　徹 編著，上田　誠，黒岩　崇，武田　穣，徳田宏晴 著，232ページ，コロナ社（2018）

　主として、応用微生物学の観点からまとめられた教科書．各章にコラムと演習問題が配置されている．

　第0部 社会に役立つ生物化学工学／第0章 社会に役立つ生物化学工学／第1部 生命科学の基礎／第1章 微生物学の基礎／第2章 生化学の基礎／第3章 分子生物学の基礎／第2部 生物化学工学の基礎／第4章 生物化学工学とは／第5章 単位計算の基礎／第6章 物質・エネルギー収支計算の基礎／第7章 生体触媒の特性／第8章 バイオプロセスとバイオリアクター／第9章 バイオプロセスの操作要素／第10章 酵素反応速度論／第11章 微生物反応速度論／第3部 バイオプロセスの実際／第12章 微生物（動物・植物細胞）のバイオプロセス／第13章 酵素バイオリアクター／第14章 排水処理プロセス／第4部 これからの生物化学工学／第15章 これからの生物化学工学

2) 生物化学工学 第3版（生物工学系テキストシリーズ）

　　海野　肇，中西一弘 監修，丹治保典，今井正直，養王田正文，荻野博康 著，
　　244ページ，講談社（2011）

　「生物化学工学」（海野　肇，中西一弘，白神直弘 著（1992）），「新版 生物化学工学」（海野　肇，中西一弘，白神直弘，丹治保典 著（2004））に引き続き改訂された第3版である．各章に演習問題が付き，企業からの現場写真も織り込まれている．

序章/1章 生物化学工学の基礎/2章 代謝と生体触媒/3章 生物化学量論と速度論/4章 バイオリアクター/5章 バイオセパレーション/6章 バイオプロセスの実際

3) 絵とき「生物化学工学」基礎のきそ（Chemical Engineering Series）
　　　種村公平 著，156ページ，日刊工業新聞社（2010）
　高等専門学校の生物工学科における生物化学工学の講義を意図して執筆されている。平易に書かれているとともに，各章に演習問題と最後に解答が配置されている。
　第1章 培養システム/第2章 回分培養/第3章 連続培養/第4章 培養における生産性/第5章 連続培養の応用/第6章 酸素移動/第7章 スケールアップ

4) 新生物化学工学 第3版
　　　岸本通雅，堀内淳一，藤原伸介，熊田陽一 著，205ページ，三共出版（2017）
　操作を基本としてまとめられた初版（2008年）に分離精製を追加した第2版（2013年）がさらに改訂されている。初版同様，例題および各章に練習問題と最後に解答が配置されている。
　第1章 化学工学の基礎/第2章 バイオプロセスと生体反応/第3章 バイオプロセスの設計と操作/第4章 高度な培養操作と自動制御/第5章 分離精製操作/第6章 代謝制御発酵/第7章 遺伝子組換え操作/第8章 組換えタンパク質の高度発現技術

5) 生物化学工学（応用生命科学シリーズ）
　　　小林　猛，本多裕之 著，196ページ，東京化学同人（2002）
　大学の低・中学年における教科書を念頭においてまとめられた生物化学工学の教科書である。平易な入門書として最適であり，項目も多岐にわたっている。演習問題は付いていない。
　第1章 序章/第2章 微生物の特性/第3章 微生物の代謝と増殖収率/第4章 微生物反応速度論/第5章 微生物培養の準備過程/第6章 微生物の培養操作/第7章 微生物用バイオリアクター/第8章 通気と撹拌/第9章 計測と制御/第10章 発酵生産物の回収と精製/第11章 生物化学工学の基礎

6) 新版 生物反応工学
　　　山根恒夫，中野秀雄，加藤雅士，岩崎雄吾，河原崎泰昌，志水元亨 著，275ページ，産業図書（2016）
　山根恒夫氏が単独で執筆された1980年に発行された初版，1991年に発行された第2版，2002年の第3版から大幅に改訂され，基本的な流れは保ちながら複数の著者に

よる最新の成果を取り込んだ内容へと大幅に改訂され，判も大きくなった。
　学部学生向けの工学的センスを身につけさせる内容となっており，随所にトピックの形でわかりやすく最新の話題を取り上げている。なお，第3版にあった各セクションでの演習問題はなくしている。
　第1章 微生物利用学の基礎／第2章 微生物・動物細胞の培養工学／第3章 酵素反応工学／第4章 遺伝子工学／第5章 蛋白質工学／第6章 代謝工学と合成生物学

7)　食品工学・生物化学工学　——科学的・工学的ものの見方と考え方
　　　　矢野俊正 著，169ページ，丸善（1999）
　科学的・工学的なものの見方と考え方を中心に，食品工学・生物化学工学の分野における要点とその周辺をまとめた教科書である。数式と数学を区別して示すとともに，実際の講義内容をもれなく記載し，さらに各章・各項目ごとに要点をまとめている。演習問題は付いていない。
　序 食品産業・生物化学工業と工学／第1章 食品産業・生物化学工業における技術革新の歴史から／第2章 平衡論の基礎と応用（変化が止まったとき）／第3章 移動現象の速度論（時間的変化を予測する）／第4章 無次元の世界（実験式を予測に使うための工夫）／第5章 化学・生化学反応の速度論から／第6章 殺菌の基礎科学（菌が死ぬ理由(わけ)とその死に方）／第7章 熱殺菌の基礎工学（殺菌操作のやり方）／第8章 好気的液内培養のスケールアップ（実験室規模の装置・操作と工業的規模の装置・操作との関係）／第9章 連続培養（定常状態と非定常過程での変化）／第10章 乾燥操作（平衡論，移動現象論，反応速度論の総合的応用）／第11章 感性と工学（今後のために）／第12章 科学的認識の進歩（最近の話題から）

8)　培養工学（バイオテクノロジー教科書シリーズ13）
　　　　吉田敏臣 著，210ページ，コロナ社（1998）
　大学の学部や大学院前期課程においてバイオプロセスエンジニアリングの基礎を学習することを目的としてまとめられた教科書である。演習問題は付いていない。
　第1章 生物生産に用いられる微生物／第2章 培養装置と操作／第3章 培養の反応速度論／第4章 培養プロセスの数学モデル／第5章 培養プロセスのシステム解析／第6章 培養システムの最適化／第7章 培養プロセスの知的制御

9)　バイオケミカル・エンジニアリング（生物工学基礎コース）
　　　　佐田栄三，砂本順三 編，上平正道，佐田栄三，塩谷捨明，田中渥夫，山根恒夫 著，169ページ，丸善（1997）
　生物現象により産生される物質を，人間の目的にかなった形で得るという観点から

執筆された学部学生のための教科書である。各章がトピックス的に構成されている。演習問題は付いていない。

第1章 酵素工学／第2章 バイオリアクター／第3章 バイオセパレーション／第4章 動物細胞工学／第5章 生物プロセスの計測と制御

10) 生物化学工学

東稔節治 編，松野隆一，東稔節治，菅 健一，宮脇長人 著，
211 ページ，朝倉書店（1996）

生物化学工学分野の整理に使用できるように演習問題に力を入れており，各章に6～7問が配置されている。

第1章 生物変換プロセスの基礎／第2章 酵素反応プロセス／第3章 微生物反応プロセス／第4章 動物細胞・植物細胞による生産プロセス／第5章 生物生産物の分離・精製プロセス／第6章 生物プロセスの計測と制御／第7章 殺菌および除菌プロセス／第8章 工業生物プロセス

11) 生物反応工学の基礎

川瀬義矩 著，240 ページ，化学工業社（1993）

生物反応工学に特化した教科書である。特徴は演習問題とその詳細な解答例にあり，各章には多くの演習問題（合計72問）とその詳細な解法が配置されている。

第1章 生物反応速度論／第2章 バイオリアクター操作／第3章 バイオリアクターの設計

12) バイオテクノロジー Q&A（化学工学シリーズ〈12〉）

合葉修一 監修，今中忠行，戸田 清，正田 誠 著，201 ページ，科学技術社（1989）

入門書ではなく，すでに微生物学・化学工学の概論を修めた大学高学年や企業技術者向けにバイオテクノロジーを学習するための教科書である。

第Ⅰ章 生物反応を理解するためのQ&A（1～30問，生物の基本属性／物質代謝およびエネルギー代謝／遺伝情報の伝達），第Ⅱ章 生物反応を定量的に把握するためのQ&A（31～61問，酵素反応の速度／細胞増殖の速度／細胞増殖の量論／微生物の培養），第Ⅲ章 生物反応プロセスを理解するためのQ&A（62～100問，無菌技術／培養槽の操作・設計／生物反応の制御／分離技術／環境浄化），付録（101～113問）と補遺（114～125問）

13) 発酵工学の基礎 ─実験室から工場まで

Peter F. Stanbury, Allan Whitaker 著，石崎文彬 翻訳，
169 ページ，学会出版センター（1988）

英国ハットフィールド工業大学（University of Hertfordshire）の学部および大学院

修士課程で発酵工学を専攻する学生に向けて編さんされた教科書（1986）の翻訳版。原著は1999年に第二版が出版されている。著者の二人はICI社にて発酵プロセスに携わっていたとのことで，実際の発酵プラントの操作の視点からまとめられており，豊富な写真も掲載されている。演習問題は付いていない。

　　第1章 序論／第2章 微生物の生育速度論／第3章 工業微生物の分離，保存および育種／第4章 工業生産の培地／第5章 殺菌／第6章 工業生産におけるシードの調製／第7章 発酵槽／第8章 計測と制御／第9章 通気とかくはん／第10章 発酵生産物の単離と精製／第11章 排水処理／第12章 発酵工程の経済性

14)　微生物培養工学（微生物学基礎講座7）
　　　　永井史郎，田口久治 編，永井史郎，吉田敏臣，菅 健一，西澤義矩，田口久治 著，
　　　　210ページ，共立出版（1985）
　発酵装置を用いて物質生産を行う際に生じる工学的諸問題を解決するために必要な基礎理論と応用技術についてまとめた教科書である。演習問題は付いていない。
　　第1章 微生物反応における化学量論／第2章 微生物反応速度論／第3章 発酵プロセス工学／第4章 培養技術／第5章 発酵槽への酸素供給

15)　生物化学工学 第2版（1976）
　　　　合葉修一，A. E. Humphrey, N. F. Millis 著，永谷正治 翻訳，
　　　　448ページ，東京大学出版会（1976）
　1968年に出版された初版の翻訳本に次いで出版された第2版の翻訳本で，発酵工業における生物学と化学工学の橋渡しを意図として執筆された教科書である。演習問題は付いていない。人名索引が付いていて，原著論文が多数引用されている。
　　第1章 緒論／第2章 微生物の特性／第3章 微生物の生理代謝／第4章 反応速度論／第5章 連続培養／第6章 通気と撹拌／第7章 スケールアップ／第8章 実験室操作と工場操作／第9章 培地の殺菌／第10章 空気の除菌／第11章 発酵槽の設計と無菌操作／第12章 制御装置／第13章 生産物の回収／第14章 固定化酵素（菌体または酵素への代替）

16)　生物化学工学 ―反応速度論（化学工学シリーズ〈11〉）
　　　　合葉修一，永井史郎 著，324ページ，科学技術社（1975）
　生物化学工学の基本的な課題としての反応速度論を対象として，豊富な例題と演習にて詳細に解説した教科書である。人名索引が付いていて，原著論文が多数引用されている。
　　第1章 微生物反応の基礎／第2章 微生物反応（エネルギー論）／第3章 酵素反応速度と微生物の増殖反応モデル／第4章 微生物反応の応用―発酵生産および廃液処理―
　　それぞれの章は，1.1 分類と細胞構造，1.2 細胞の化学と代謝，1.3 遺伝情報―そ

の伝達と調節―，2.1 平衡熱力学と生体反応，2.2 増殖収率，2.3 エネルギー代謝，3.1 反応速度，3.2 酵素反応速度，3.3 増殖における反応速度，3.4 増殖における動特性，4.1 発酵生産における反応速度，4.2 生物酸化による廃液処理，4.3 溶存酸素濃度と呼吸速度からなる．

### B. 海外で出版されている生物化学工学関連教科書（英語）

1) Bioprocess Engineering Principles ―Second Edition
   Pauline M. Doran（Swinburne University of Technology Australia）著，
   919 ページ，Academic Press（2013）

   大きく4部から構成されている．第Ⅰ部は序論（第1～3章），第Ⅱ部はエネルギーと物質収支（第4～6章），第Ⅲ部は物理的プロセス（第7～11章），第Ⅳ部は反応とリアクター（第12～14章）である．各章の最後には演習問題が付いている．また，最後に単位換算表や各種計算に必要な物理的パラメータが示されている．

   第1章 バイオプロセスの発展／第2章 工学的計算の基礎／第3章 データ分析と表示方法／第4章 物質収支／第5章 エネルギー収支／第6章 非平衡状態における物質収支とエネルギー収支／第7章 流体／第8章 混合／第9章 伝熱／第10章 物質移動／第11章 単位操作／第12章 均一系反応／第13章 不均一系反応／第14章 リアクターのエンジニアリング

2) Bioprocess Engineering ―Kinetics, Biosystems, Sustainability, and Reactor Design
   Shijie Liu（College of Environmental Science and Forestry, State University of New York, USA）著，
   984 ページ，Elsevier（2013）

   各章の最後には演習問題が付いている．

   第1章 序論／第2章 生物学基礎概論／第3章 化学反応基礎概論／第4章 回分リアクター／第5章 流通式反応器（理想状態）／第6章 反応速度論／第7章 パラメータ推定／第8章 酵素／第9章 固体表面における化学反応／第10章 代謝／第11章 菌体増殖／第12章 連続培養／第13章 流加培養／第14章 進化と遺伝子工学／第15章 人類社会におけるサスティナビリティー／第16章 サスティナビリティーと安定性（特に培養における）

3) Biochemical Engineering
   Shigeo Katoh and Fumitake Yoshida（Kobe U and Kyoto U）著，
   266 ページ，Willey-VCH（2009）

   大きく3部から構成されている．第Ⅰ部は基礎概念と原理（第1～4章），第Ⅱ部は生物システムにおける単位操作と装置（第5～11章），第Ⅲ部はバイオエンジニア

リングの基礎（第12〜14章）である．各章の最後には演習問題が付いている．

第1章 序論／第2章 物質移動／第3章 化学及び生物反応／第4章 増殖速度論／第5章 伝熱／第6章 物質移動／第7章 バイオリアクター／第8章 膜分離プロセス／第9章 細胞分離と破壊／第10章 殺菌／第11章 吸着とクロマトグラフィー／第12章 発酵におけるエンジニアリング／第13章 バイオプロセスにおけるダウンストリーム／第14章 メディカルデバイス

4) Development of Sustainable Bioprocesses —Modeling and Assessment
Elmar Heizle（University of Saarland, Germany）, Arno P.Biwer（University of Saarland, Germany）, and Charles L. Cooney（MIT, USA）編,
294ページ，CD付き，Willy（2006）

持続的なバイオプロセス構築に向けて物質収支，エネルギー収支，コスト等を計算した例題集である．大きく2部から構成されている．第Ⅰ部は理論（第1〜4章），第Ⅱ部はケーススタディ（第5〜15章）である．

第1章 序論／第2章 バイオプロセス構築／第3章 モデル化とシミュレーション／第4章 サスティナビリティアセスメント／第5章 スターチを用いたクエン酸生産／第6章 ピルビン酸発酵とダウンストリーム／第7章 L-リジン生産 生物反応とプロセスモデル／第8章 リボフラビン—ビタミン$B_2$／第9章 $\alpha$-シクロデキストリン／第10章 ペニシリンV／第11章 組換えヒトアルブミン／第12章 組換えヒトインシュリン生産／第13章 モノクローナル抗体生産／第14章 組換え植物細胞培養による$\alpha$-1-アンチトリプシン生産／第15章 プラスミドDNA

5) Bioprocess Engineering, Basic concepts, second edition
Michael L. Shuler（Cornell University, USA）and Fikret Kargi（Dokuz Eylul University, Turkey）著,
553ページ，Prentice Hall PTR（2002）

1992年に出版された教科書の第2版である．大きく4部から構成されている．第Ⅰ部は序論（第1章），第Ⅱ部は工学者の視点から見た生物学（第2〜8章），第Ⅲ部はバイオプロセスにおける工学の基礎（第9〜11章），第Ⅳ部は従来にない生物システムへの応用（第12〜17章）である．各章の最後には演習問題が付いており，さらに，付録には伝統的な産業バイオプロセスとして，エタノール，乳酸，アセトンブタノール，クエン酸，パン酵母，ペニシリン，コーンシロップが説明されている．

第1章 バイオプロセスエンジニアとは何か／第2章 生物学の基礎概論／第3章 酵素／第4章 細胞の働き／第5章 主な代謝経路／第6章 細胞増殖／第7章 微生物の増殖と生産物生産の化学量論／第8章 細胞における情報／第9章 撹拌培養及び固定化培養

における操作/第10章 培養槽の選択,スケールアップ,操作及び制御/第11章 生産物回収と精製/第12章 動物細胞培養プロセス/第13章 植物細胞培養プロセス/第14章 遺伝子組換え生物の利用/第15章 バイオプロセスエンジニアリングの医療分野への応用/第16章 混合培養/第17章 エピローグ

6) Applied Microbial Physiology, A practice approach
P. Malcolm Rhodes（Bioscot Ltd. UK）and Peter F. Stanbury（University of Hertfordshire, UK）編,
270ページ,IRL press（1997）

応用微生物というタイトルになっているが,生物化学工学的な観点からの解説も含まれる教科書である。平易な内容であり,入門書に向いている。演習問題は付いていないが,プロトコル形式で操作がわかりやすく説明されている。

第1章 菌株の単離と保存/第2章 好熱菌の分離と増殖/第3章 増殖培地の設計と最適化/第4章 実験室用ファーメンターの操作/第5章 生物量の測定/第6章 発酵槽の排ガス分析/第7章 微生物培養の分析化学/第8章 微生物増殖の解析法/第9章 代謝フラックス解析

7) Biochemical Engineering
Harvey W. Blanch and Douglas S. Clark（University of California, Berkeley, USA）著,
702ページ,Marcel Dekker（1997）

生物化学工学のオーソドックスな教科書である。最初に授業構成としてBasicコースの場合は,どの章のどの部分の組合せが,Advancedコースの場合はどの組合せがよいのかが示されている。また,各章の最後には20題近くの演習問題が付いている。

第1章 酵素触媒反応/第2章 固定化生体触媒/第3章 微生物増殖/第4章 バイオリアクターの設計と解析/第5章 移動現象論/第6章 生産物回収/第7章 混合培養における微生物相互モデル/第8章 バイオ生産物と経済性

8) Biochemical Engineering Fundamentals —second edition—
James E. Bailey（California Institute of Technology, USA）and David F. Ollis（North Carolina State University, USA）著,
984ページ,McGraw-Hill（1986）

1977年に出版された教科書の第2版である。多数の文献の引用を用いて詳細に解説されている。また,各章の最後には演習問題が付いている。

第1章 微生物学の基礎知識/第2章 生命の化学/第3章 酵素触媒反応の動力学/第4章 酵素反応の応用/第5章 代謝の化学量論とエネルギー論/第6章 分子遺伝学及び

制御システム／第7章 培養における基質消費, 生産物生産, 細胞生産の動力学／第8章 バイオプロセスにおける移動現象論／第9章 生物反応槽の設計と解析／第10章 計測と制御／第11章 生産物回収操作／第12章 バイオプロセスの経済性／第13章 微生物集団における解析／第14章 混合培養の応用と自然界における役割

9) Biochemical Engineering ―second edition―
Shuichi Aiba（University of Tokyo）, Arthur E. Humphrey（University of Pennsylvania, USA）, Nancy F. Millis（University of Melbourne, Australia）著, 434 ページ, Academic Press（1973）

1964年に出版された教科書の第2版である。生物化学工学の始まりの息吹を感じ取ることができる。演習問題は付いていない。

第1章 序論／第2章 生物の特性／第3章 微生物の行う化学反応／第4章 動力学／第5章 連続培養／第6章 通気と撹拌／第7章 スケールアップ／第8章 実験室スケールから工場スケールへの応用／第9章 培地滅菌／第10章 空気除菌／第11章 発酵槽のデザインと無菌化／第12章 培養環境制御／第13章 発酵生産物の回収／第14章 固定化酵素

# 索　引

## 【あ】
| | |
|---|---|
| アレニウスの式 | 29, 99 |
| 異　化 | 43 |
| 移動現象論 | 3 |
| ウオッシュアウト | 88 |
| 遠心効果 | 137 |

## 【か】
| | |
|---|---|
| 回分殺菌 | 101 |
| 回分培養 | 83 |
| 化学合成従属栄養微生物 | 27 |
| 架橋法 | 21 |
| 基　質 | 40 |
| 固定化酵素 | 21 |

## 【さ】
| | |
|---|---|
| 酸素移動速度 | 109 |
| 酸素消費速度 | 110 |

## 【た】
| | |
|---|---|
| 指数的流加培養 | 92 |
| 収　支 | 4 |
| スクリーニング | 37 |
| スケールアップ | 117 |
| 生産物収率 | 41 |
| 生物プロセス | 135 |
| 増殖収率 | 41 |
| 相対遠心力 | 137 |

## 【た】
| | |
|---|---|
| 単位操作 | 2 |
| 担体結合法 | 21 |
| 沈降係数 | 138 |
| 転　写 | 14 |
| 同　化 | 43 |
| 動的測定法 | 110 |

## 【な】
| | |
|---|---|
| 二重境膜説 | 108 |

## 【は】
| | |
|---|---|
| 反応速度論 | 3 |
| バイオプロセス | 135 |
| フィードバック制御 | 125 |
| 平衡状態 | 4 |
| 包括法 | 21 |
| 翻　訳 | 14 |

## 【ま】
| | |
|---|---|
| ミカエリス・メンテンの速度式 | 53 |

## 【ら】
| | |
|---|---|
| ラインウィーバー－バークプロット | 58 |
| 流加培養 | 90 |
| 連続殺菌 | 105 |
| 連続培養 | 87 |

## 【英字】
| | |
|---|---|
| CSTR | 71 |
| Monodの式 | 65 |
| OTR | 109 |
| OUR | 110 |
| PFR | 71 |
| P制御 | 127 |
| PI制御 | 130 |
| PID制御 | 131 |

### 基礎から学ぶ生物化学工学演習
Basic Biochemical Engineering with workbook

Ⓒ公益社団法人 日本生物工学会　2013

2013 年 9 月 2 日　初版第 1 刷発行
2024 年 1 月 25 日　初版第 5 刷発行

| 検印省略 | 編　者 | 公益社団法人<br>日 本 生 物 工 学 会 |
|---|---|---|
| | 発 行 者 | 株式会社　コ ロ ナ 社<br>代 表 者　牛 来 真 也 |
| | 印 刷 所 | 萩原印刷株式会社 |
| | 製 本 所 | 有限会社　愛千製本所 |

112-0011　東京都文京区千石 4-46-10
発 行 所　株式会社　コ ロ ナ 社
CORONA PUBLISHING CO., LTD.
Tokyo Japan
振替 00140-8-14844・電話(03)3941-3131(代)
ホームページ https://www.coronasha.co.jp

ISBN 978-4-339-06744-6　C3045　Printed in Japan　　　　　　　(安達)

本書のコピー，スキャン，デジタル化等の無断複製・転載は著作権法上での例外を除き禁じられています。購入者以外の第三者による本書の電子データ化および電子書籍化は，いかなる場合も認めていません。
落丁・乱丁はお取替えいたします。